全球超美的100个国家公园

探索之旅编委会　编著

北京出版集团公司
北 京 出 版 社

图书在版编目（CIP）数据

全球超美的100个国家公园 / 探索之旅编委会编著. —
北京 : 北京出版社, 2016.4
ISBN 978-7-200-12061-5

Ⅰ. ①全… Ⅱ. ①探… Ⅲ. ①国家公园—世界—普及读物②旅游指南—世界 Ⅳ. ①S759.991-49 ②K919

中国版本图书馆CIP数据核字(2016)第074605号

全球超美的100个国家公园
QUANQIU CHAOMEI DE 100 GE GUOJIA GONGYUAN

探索之旅编委会 编著

*

北京出版集团公司
北 京 出 版 社 出版
(北京北三环中路6号)
邮政编码: 100120

网 址: www.bph.com.cn
北京出版集团公司总发行
新 华 书 店 经 销
北京博海升彩色印刷有限公司印刷

*

787毫米×1092毫米 16开本 18印张 373千字
2016年4月第1版 2018年3月第2次印刷

ISBN 978-7-200-12061-5

定价: 49.80元
质量监督电话: 010-58572393

前言

自从盘古开天辟地，人类诞生开始，便与原始大自然和谐相处。然而在科技高速发展的今天，人类不断地大规模垦殖与开发，使得原始的空间不断被挤压，那些奇妙的地理形态、珍稀动植物已经或正在变成人们的回忆。但人们已经意识到每一种地貌、每一个生命都是自然的馈赠，都值得我们致敬。于是，在 1872 年，美国黄石国家公园作为全球第一个国家公园而诞生。在随后的一百多年间，全球数千个国家公园相继而生。

“要么读书，要么旅行，身体和心灵，总有一个在路上。”翻开书扉，在大自然中漫步吧。翻越城市的牢笼，抛开凡事的束缚，来一次心灵的自然之旅。《全球超美的 100 个国家公园》能让你感受到夏威夷火山国家公园活火山喷涌的热情，大堡礁海洋公园珊瑚礁绚丽的浪漫，英格兰湖区国家公园野花丛灿烂的微笑……

本书通过触、行、抚、探、望、入等，从公园的构成和环境背景出发，遴选出全球超美的 100 个国家公园。每一座国家公园都是一个完整生态圈的缩影，介绍这些美丽的国家公园时，你一定会为书中折射的原生态美景所陶醉。妄言“超美”，是因为它们让我们的眼睛得到了愉悦，心灵得到了休憩，感受到了天地之广、世界之美。其实人的审美各有偏好，哪有对于美的绝对标准呢？

目录

第一章 触——天地造化

大峡谷国家公园
触不到的深渊 010

卡奈马国家公园
天使的诞生地 013

阿切斯国家公园
上帝走过的门 016

南邦国家公园
外星人遗留的痕迹 019

死亡谷国家公园
死神降临的地方 022

波奴鲁鲁国家公园
藏不住的瑰宝 025

峡谷地国家公园
天然地质博物馆 028

纳米布—诺克卢福国家公园
梦幻般的杏红色 030

黄石国家公园
万园之王 033

夏威夷火山国家公园
佩雷女神的怒火 036

白沙国家公园
诡异奇幻的白色王国 039

乌鲁汝·卡塔楚塔国家公园
独特的红色蛮荒 042

汤加里罗国家公园
冰火两重天 045

布莱斯峡谷国家公园
雄伟的自然奇观 047

圆顶礁国家公园
壮丽奇特的图画 050

约塞米蒂国家公园
童话的世界 052

桌山国家公园
上帝的餐桌 055

卡尔斯巴德洞穴国家公园
富丽堂皇的自然宫殿 058

库特尼国家公园
极致的风景画 060

甘尼逊黑峡谷国家公园
气势磅礴的风景 063

峡湾国家公园
冰川雕琢的独特景观 065

锡安山国家公园
神圣之地 068

第二章 行——诗画墨韵

阿寒国立公园
高透明度的温泉乡 072

维多利亚瀑布国家公园
上帝遗落的白练 074

班夫国家公园
湖光山色与冰雪魅影 076

垦丁国家公园
台湾岛的“天涯海角” 079

奥兰卡国家公园
在“棕熊环”上呼吸芬兰味 082

多纳纳国家公园
上帝遗留的画作 085

皮皮岛国家公园
浪漫的情调 087

霹雳角国家公园
加拿大的“天涯海角” 089

钏路湿原国立公园
丹顶鹤的栖息地 092

麋鹿岛国家公园
野牛的家园 095

斯堪森公园
浓缩的中世纪风情 097

卡特迈国家公园
神赐的美丽 100

湖区国家公园
英国的一颗宝石 102

蒙古国特日勒吉国家森林公园
风吹草低见牛羊 104

普利特维采湖群国家公园
欧洲的后花园 106

汤旺河国家公园
红松的故乡 108

大沼泽地国家公园
芦苇深处鸟儿的天堂 110

贝希特斯加登国家公园
人间仙境 113

利奇菲尔德国家公园
绝美度假胜地 116

伊瓜苏国家公园
仙女的裙裾 118

阿比斯库国家公园
美丽的极光 121

第三章 抚——万物生灵

塞伦盖蒂国家公园
野生动物的天堂 126

大草原国家公园
野性的释放 128

马赛马拉国家公园
动物的乔迁之所 131

克鲁格国家公园
野生动物的栖息地 134

奇旺国家公园
镶嵌在喜马拉雅山下的绿宝石 136

科莫多国家公园
柔美与神秘 139

孙德尔本斯国家公园
最美的红树林 142

亚勒国家公园
远离尘世的净土 145

安博塞利国家公园
天然动物园 148

卡齐兰加国家公园
一片神谕福地 151

察沃国家公园
狂野的非洲 154

卡富埃国家公园
炽热的非洲 157

维龙加国家公园
原始的野性 160

埃托沙国家公园
非洲最大动物保护区 163

可干尔赞恩国家公园
动物的游乐园 166

坎加鲁岛国家公园
邂逅心灵的静谧 168

潘塔纳尔马托格罗索国家公园
地球之肾 171

达连国家公园
珍稀动物的家园 174

基纳巴卢国家公园
神奇而美丽的导航灯标 177

第四章 探——文明遗迹

蒂卡尔国家公园
玛雅文明印记的神奇之地 182

萨瓜罗国家公园
仙人掌的乐园 185

雪墩山国家公园
犹如置身油画之中 188

格日美国家公园
土耳其的王牌景致 190

拉米斯塔德国家公园
人间仙境 193

复活节岛国家公园
无与伦比的文化风景 195

卡卡杜国家公园
神圣的岩石 197

格拉玛德桑巴尔科国家公园
奇特的海岸景观 200

杜米托尔国家公园
典型而绚烂的风光 203

第五章 望——冰雪巅峰

落基山国家公园
风华绝代美轮美奂 208

冰川国家公园
雪白的梦幻胜地 211

雷尼尔山国家公园
美国最古老的公园 214

普达措国家公园
婉约脱俗的画卷 216

沃特顿冰川国际和平公园
气势磅礴风景迤逦 218

萨加玛塔国家公园
通往世界最高峰的阶梯 221

库克山国家公园
绝美雪山群 223

托雷德裴恩国家公园
绝美中的那点忧郁 226

大提顿国家公园
无法言说的美丽 229

拉法山国家公园
美妙绝伦的山水画 231

大雪山国立公园
沼泽与河流的聚集地 234

富士箱根伊豆国立公园
日本最大的国家公园 237

大雾山国家公园
蓝色优美的飘带 239

奥林匹克国家公园
一首平稳温和的四季歌 242

锡门国家公园
非洲的绿洲 245

第六章 入——丛林海洋

马拉维湖国家公园
一颗璀璨的东非明珠 250

千岛湖国家森林公园
世界闻名的绿色明珠 253

张家界国家森林公园
大自然的宠儿 256

黑森林国家公园
童话的世界 259

科库斯岛国家公园
潜水者的梦幻乐园 262

巴科国家公园
奇特的美丽景观 264

大堡礁海洋公园
珊瑚的传奇王国 266

红杉树国家公园
童话中的森林 269

皮林国家公园
神秘的天堂美景 272

布纳肯海洋国家公园
潜水者心中的圣地 274

阿萨莱特自然中心
令人神往的美丽画卷 277

比奥科岛国家公园
非洲最美岛屿 280

加拉帕戈斯国家公园
活的生物进化馆 283

东北格陵兰国家公园
冷酷的海洋女妖 286

第一章

触——天地造化

大自然的鬼斧神工

造就了令人惊叹的自然奇景，

冷酷的景色

给人留下无限遐想，

不禁背上行囊，

亲临其境。

左图：科罗拉多大峡谷是一幅地质画卷，在阳光的照耀下魔幻般的色彩吸引了全世界无数人的目光

关键词：绚丽、壮美
国别：美国
位置：亚利桑那州西北部
面积：4926 平方千米

大峡谷国家公园

触不到的深渊

它的美丽和壮观，让人感到谦卑和震撼，它的亘古和悠远，让人感叹人类生命的短暂。

大峡谷在白云和霞光的映衬下，绚烂多彩

在美国西部的亚利桑那州凯巴布高原，科罗拉多河在这里硬生生地掰出一道鸿沟，才让我们得以窥视大地的心脏，或许，地球上再没有任何一个其他地方，能够让我们获得如此神迹了。

这是一条触不到边的深渊，大体呈东西走向，延伸了 350 千米，面积达 4926 平方千米，这就是大峡谷国家公园。大峡谷裂开的形状极不规则，蜿蜒盘旋，迂回曲折，向下收缩成 V 形。峡谷的两岸裸露着红色的巨层断岩，它们是从远古时代保留下来的，嶙峋突兀，带有一种粗犷的美丽。这些岩石悄无声息地记载了北美大陆早期地质形成、发展的历程，所以有人说："科罗拉多大峡谷，就是一本描述北美大陆的日记本，每一个岩层就是一页过往的记录……"

峡谷两岸南低北高，中间有水相隔，气候差异很大——南岸年平均降水量为382毫米，而北岸则高达685毫米；除此之外，北岸的气候也要比南岸冷很多，冬季常有大雪降落。在特殊的地质形态和自然外力作用下，大峡谷呈现出如今百态杂陈的风貌。穿越千年的时光，科罗拉多河冲刷着地表的结构，使这里层层叠叠，有的地方窄如一线，有的地方宽若虚谷；有的地方舒缓平坦，有的地方峥嵘恐怖；有的地方保守单一，有的地方奇形怪状……初入大峡谷国家公园的人，无不被如此浩瀚壮阔的美景所震撼。顺着谷壁向上看，千年来形成的地层断面如庞大的静态影像，华丽地向世人展示从寒武纪到新生代各个时期的岩系变迁，一层一个时代。同时，你还可以在上面看到许多具有代表性的生物化石，这里真不愧为"活的地质史教科书"，所以这里不仅仅是游人的乐园，更是考古爱好者和古生物学家的天下。

峡谷两壁的岩石含有多种不同的矿物质，在阳光的照射下，它们呈现出不同的色彩，峡谷仿佛进入了颜色的海洋。随着太阳的东升西落，阳光从不同的距离、不同的角度射进来，强弱不一，而岩石的色彩也随之变化，时而呈现棕色，时而被深蓝笼罩，时而又变为赤色……如此缤纷炫目的色彩令峡谷壁成了一块巨大的五彩斑斓的调色板。尤为令人称奇的是，无论是日出、日落还是气候变幻，整个大峡谷的色彩总会随之改变。这是大地斑斓跳跃的心脏，在这里，人类只能做皈依者和失语者。

清晨，微风亲吻着大峡谷的每一寸土地，老鹰在谷中展翅翱翔。沿着峡谷边缘缓缓前行，四周的桧树和矮松郁郁葱葱，知名或不知名的野花漫山遍野，和着峡谷的泥土一起散发清香，令人心旷神怡。黄昏来临，一轮夕阳挂在V字形峡谷中，如耀眼的金钻点缀在佳人优美的锁骨之上。这是大自然最伟大的雕塑！这就是科罗拉多大峡谷！

女孩远眺壮观的大峡谷国家公园

大峡谷，宛若仙境般色彩缤纷、苍茫迷幻，迷人的景色令人流连忘返

美景盘点

马蹄峡谷

一个折形拐弯呈马蹄形状的峡谷。要到这里来，需要越过一个小小的沙漠。峡谷中，一湾碧水将凸出而起的石丘团团围住，而碧水的四周又被高耸如天井一般的岩壁围起。这条浅浅的横亘在石丘与岩壁之间的绿水带，在褐色的岩石中显得清凉宜人，让久经跋涉的探寻者疲惫的身心得以放松。

亚瓦帕观景点

位于大峡谷公园东侧，是观赏日出的最高点。旁边是亚瓦帕博物馆，还有大峡谷的立体模型，在这里，可以清楚地看到大峡谷的全貌。

光明天使小路

全长 12.9 千米，从峡谷的南缘蜿蜒至坐落于谷底的幽灵牧场，这条小路非常适合那些想要感受独特景观的游客，深受欢迎。

大峡谷玻璃桥

位于大峡谷南缘的老鹰崖，距离谷底约 1200 米，呈 U 字形，廊桥宽 3 米左右，用透明的玻璃材质做底板，游客行走在其上，可以俯瞰科罗拉多河和大峡谷的景观。该桥号称“21 世纪世界奇观”。

TIPS

①每年的 7 月是大峡谷的旅游旺季，这时的住宿非常紧张，要提前预订，且预订时要说明是在大峡谷的南缘还是北缘住宿。

②开车游览是游大峡谷较为方便的方式，若是没有车，可以选择跟随旅行团，也可以选择乘坐长途汽车或是老式蒸汽火车。

③大峡谷玻璃桥位于印第安保护区，需要另外买票才能入场。

④来到大峡谷，不妨品尝一下印第安人的美食，其招牌菜是用多种食材混合煮成的什锦豆子菜。

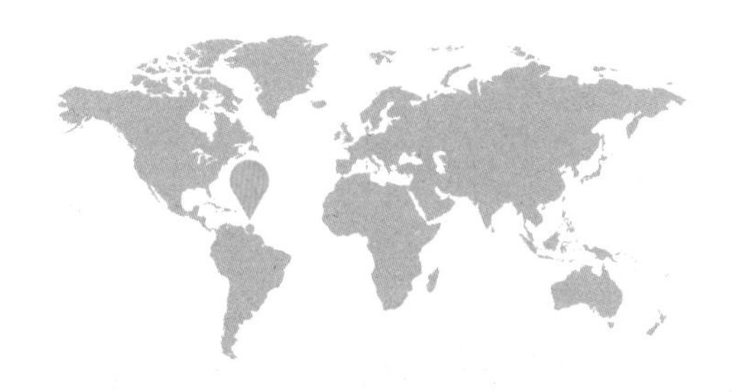

关键词：神奇、天使
国别：委内瑞拉
位置：玻利瓦尔州
面积：30000 平方千米

卡奈马国家公园

天使的诞生地

世界最美的落差，感受“天使的呼吸”。

瀑布汹涌直下，撞向崖壁，排排巨浪霎时碎成千堆雪

这是一个奇异世界，湖水比天空更蓝，瀑布如同一条条绸带，涧水轰鸣，为其奏响奔腾的欢快乐曲，让人不禁感到这里就是天堂。

这个如梦境般的地方，是委内瑞拉最大的自然保护区——卡奈马国家公园。公园里，河流交错、山崖众多，翠绿色的山体被大小瀑布立体切割，形成浩瀚的热带岛屿群。这里不是海，却是一片比海还碧蓝的汪洋，一座座被分割出来的岛屿如同蓝水晶中散落的

看似安静的卡奈马湖，由水量大而流速急的阿恰大瀑布群跌落后汇成

珍珠，水天一色中，映衬得云朵都不甘寂寞地泛着蕴了光的暗蓝……有人说，这里是神仙的居所；也有人说，这里是魔鬼的地狱；而在印第安人眼中，这里是真正属于他们的地方。

建立于 1962 年的卡奈马国家公园，地处委内瑞拉玻利瓦尔州的东部高原，这里山势平整，但海拔却可以从 450 米一路陡升到 2810 米。在公园 3 万平方千米的领地里，大部分地带被石板山覆盖，对于地质学家来说，这些奇异拼接的石板山为他们提供了宝贵的科研资料，其中隐藏的许多秘密至今尚未解开。同时，那些位于最顶端的、暴露在空气中的岩石沙丘，经过几百万年的风沙侵蚀、雕琢，依山势蜿蜒蛰伏，构筑出园内最奇特的地形特征。

这里的山顶部平坦开阔，四周陡峭的山壁林立，远远望去就像一张巨型石桌，故又被称为“桌山”。各式热带植物牵缠环绕，为桌山铺上了一张碎花桌布。在顶峰举目远望，天空是耀眼的蓝绿色，连云朵都镶上了淡淡的蓝边。四周的山壁陡峭险峻、寸草不生，山下则森林密布，苍翠浓郁。山顶与山脚判若两个世界，而镶嵌在山体间的一道道瀑布则是两个世界唯一的通道，只听见落水声此起彼伏，那一道道雄浑的瀑布垂直而落，有的则奔腾出一阵雄浑的烟雾，在阳光的照射下，一弯弯彩虹低调出场，娇羞可爱。满眼的翠绿、银白、湖蓝，毫不吝啬，极致铺陈。

然而，似乎山脚的丛林更具吸引力。在这片绿色掩映的丛林中，似乎掩藏着什么神秘的东西，吸引着好奇的人们踏入其中。有金刚鹦鹉彩色的翅膀如同七彩光环，在眼前一闪而过，顽劣的灵猴则在树端嘲笑着人类的一惊一乍，脚下不时有各种说不出名字的小动物爬着，脚踩在厚厚的树叶上，可以感觉出有潮湿的水汽漫出，散发出怪异的气味，曲折潮湿的小径蜿蜒向前，不知伸向何方……

卡奈马，这个被人类遗失的欢乐天堂，让人不经意间微笑，仿佛正是灵魂深处那尚未失落、如孩童一般的赤子之心。

美景盘点

天使瀑布

世界上落差最大的瀑布，达 979 米。天使瀑布位于卡罗尼河的支流丘伦河上，藏身在卡奈马的密林中，整个瀑布被分为两级，第一级 807 米，第二级 172 米，最终落入底部巨大的水池中，异常壮观。

魔鬼山谷

位于天使瀑布的下面，这里的土壤、岩石都是暗红色的，起初当地的印第安人认为这里是魔鬼的居所。后来，科学家揭开了这层恐怖的面纱，原来流经这里的河流中含有丰富的铁元素，铁元素的沉积使得土壤和岩石染上了红色。

TIPS

①在雨季，可以等河道变深时，乘船接近瀑布，而平时只能乘坐飞机从高空中俯瞰。
②委内瑞拉人忌讳“13”“14”“星期五”。
③最好自带拖鞋、牙刷、牙膏等日常生活用品。

奔腾的河水从高处泻下，奔珠溅玉，咆哮如雷，展示着惊天动地的力量

关键词：壮观、怪异
国别：美国
位置：犹他州东部
面积：310.31 平方千米

阿切斯国家公园

上帝走过的门

眼前的石拱门，无论是大自然的创造，还是外星人的杰作，我们都只能用神奇来形容，唯有怀着谦卑、虔诚的心灵去赞颂、景仰甚至膜拜。

红色岩层在蓝天下熠熠生辉

在美国科罗拉多高原之巅，美国本土人口密度最低的地区，有一座美国最重要的公园——阿切斯国家公园。

公园是经历过无数风吹雨打造就的奇观。如果说地球是我们的家园，那么这里就是岩石的居所。2000 多个姿态各异、色彩缤纷的天然砂岩拱门矗立在园中，其中最著名的便是优雅的精致拱门和巨大的风景拱门。除了奇异的天然拱门之外，园区中还有很多造型独特的岩石，如看上去摇摇晃晃的平衡岩。这里的柱脚和尖顶就像孩子们在海滨堆成的滴落式沙堡，只是被放大成了巨型。平滑的岩石圆顶在一望无际的红色沙石和春天的野花丛中闪闪发光，岩层在辽阔的蓝天下熠熠生辉，蔚为壮观。

最适合徒步旅行的地方就是公园大道附近的“法院塔楼”，游客经常能在日出和日落时分看到黑尾鹿、草原狼等高原动物。公园的“石窗”呈现的则是另一种奇特的景色。迷人的岩石景观已经成为斯蒂文·斯皮尔伯格经典影片中的特色场景……

公园日出

随着时间的流转，几道刺眼的光闪了闪，太阳便悄无声息地从西边缓缓而落，光线慢慢变暗，阴凉一点儿一点儿地侵蚀着观赏日落最佳的岩石斜坡，一切都安静了下来，游客们停止了骚动，选好了最佳观赏点，等待最美的日落时刻。似乎就连空气都乱了脚步，不寻常的气流向人们预告了即将到来的时刻，就在这时，太阳猛地沉了下去。精致的石拱门，像被余晖点燃了一般，光芒四射，时间仿佛定格在了这一刻，眼前只剩下这通红的石拱门，美轮美奂。

待人们欣赏完日落，大地也随着天空慢慢暗淡下来，只剩下格外强劲的风呼啸着肆虐大地，拱门也不再燃烧，站在那里，纹丝

日出之后，阳光照射在岩石上，给拱门披上了一层金色，万物皆被阳光润泽

不动。月亮爬上了漆黑的天空，大地开始笼上一层洁白的月光，此时的拱门，昂首在悬崖之上，似正与寂静的夜空诉说着往事。

美景盘点

风景拱门

风景拱门位于公园的魔鬼花园区，是全世界最长的天然石桥，巨型的拱门圈住了一方蓝天，拱门最薄的地方只有18 米，但是它却支撑着跨度为 93 米的巨岩。在过去 20 年中，巨大的岩石块不时地从这个壮丽的拱门上掉落，或许在不久的将来，人们只能从照片中缅怀它了。

双拱门

双拱门可以称得上是阿切斯国家公园最特别的拱门了。正如它的名字一样，它有两个壮观的拱门。较大的拱门跨度为 45 米，高 31 米，而较小的拱门跨度为 20 米，高 26 米。一大一小的两个天然拱门纵向排列，在蔚蓝的天空下，晨曦中的双拱门勾勒出的别致景观令人叹为观止。

TIPS

❶最佳游览时间：春季、秋季。
❷公园中一处叫作魔鬼花园营地的露营地很有特色。

关键词：独特、洁白
国别：澳大利亚
位置：珀斯北面的小麦带区
面积：192.68 平方千米

南邦国家公园

外星人遗留的痕迹

世界上许多地方都能看到石林，但是在靠近海岸边的沙滩上出现无数石柱群，只有这里才看得到。

南邦国家公园意为弯曲的公园，源于流经本地区蜿蜒曲折的南邦河，它位于西澳大利亚珀斯北面 260 千米处，建立于 1968 年。

南邦国家公园是澳大利亚最独特的自然景观公园，郊外的野生动物园也不容错过，它可以让热爱自然的你实现亲近自然的愿望，也可以近距离接触憨态可掬的考拉和善良的袋鼠，还可以骑骆驼。这里的动物有一个特点，就是不怕人，它们会大摇大摆地在你身边蹭来蹭去，各种鸟类更是与你争食吃，更有甚者，会向同伴警告：食物是属于它的，禁止靠近。

西澳大利亚南邦国家公园的奇异活化石原始森林，是 2.5 万 ~3 万年前海水退去之后形成的。公园内最有可看的当属尖峰石阵。海风席卷着沙粒将这里铺成一片沙地，植被枯萎、土壤被风化，沙粒渐渐下沉，植物残骸间的石灰岩就这样裸露在地表，像一座座小山。最佳观光旅行时间通常是每年 8—10 月，这里仿若是外星人抵达地球后遗落的

落日下的尖峰石阵沙漠

在阳光下，金光闪闪的石阵似乎是一座远古时代的城市废墟

痕迹，因远离地球，不为人知而充满了神秘感，让人类充满好奇，激起人类探索的欲望。众多石灰柱凌乱地散落在黄色的沙地上，每当太阳西下，这些奇形怪状的石灰柱就会闪耀着金黄色的光芒，无比壮观。当然这并不是真正的外星传奇，这些石灰柱是由海洋中的贝壳演变而成的，因含有石英质，故而在太阳的照射下变得无比炫目。

除尖峰石阵外，南邦国家公园内还有洁白的海滩，除游泳和浮潜外，还可以体验滑沙的乐趣。宿醉湾便是知名的野餐、煤气烧烤和乘汽艇的场所。每年的春季，园中还会绽放五颜六色的野花，芬芳争艳、香气四溢、美不胜收。而附近的塞万提斯是一个以出产淡水龙虾为主业的小镇，这里出产的龙虾十分鲜美，小镇四周还拥有许多非常适合游泳和风帆冲浪的海滩。参加深海钓鱼旅游团，在珊瑚礁之间潜泳，或是出海巡游，经过离

尖峰石阵，沙漠上伫立的这些奇形怪状的石柱展现了岁月留下的痕迹

岸小岛寻找海狮和瓶鼻海豚的踪迹等，都是公园周遭不错的旅游选择。

美景盘点

滑沙

虽然抱着沙板爬上去很费力，但是滑下来的一刻无比舒畅与享受。身体随着沙山的坡度加大而下滑速度加快，两耳生风，转眼之间就能冲到山下，在有惊无险的瞬间体味到无穷的刺激与快感。

尖峰石阵

尖峰石阵位于南邦国家公园内，距离珀斯260千米。曾经，这里是一片原始森林，后来沙粒慢慢沉积，森林开始消失，经过几十亿年的风化，形成了一根根石柱，数以千计，形态各异，有的甚至高达5米，令人诧异。

TIPS

❶考拉是很敏感的小动物，只能用手背蹭蹭它的背部，千万不要碰它的头，也不要用手心抚摩。

❷农场表演每天上午11点、下午1点、3点各一场。

关键词：孤寂、耀眼
国别：美国
位置：加利福尼亚州东南部
面积：13650 平方千米

死亡谷国家公园

死神降临的地方

在生死中穿行，感受周遭经历了 300 万年岁月而存在的一切。

死亡谷国家公园毫无生机的景象

在美国有个公园，只听它的名字就能让人毛骨悚然，望而却步，它就是死亡谷国家公园。它名字与死亡有关，则是因为这样一个故事：据说，1849 年，一队淘金客被困在了这片荒芜的土地上，因不敌此地恶劣的天气，导致数人遇难，经过 80 多天的挣扎，只有少数人战胜了死神，得以获救，其中一个获救者回望这片山谷，感慨地说：“再见，死亡谷！”死亡谷因此而得名。

死亡谷国家公园占地 13650 平方千米，是美国面积最大的国家公园，它大部分位于美国加利福尼亚州东南部，只有一个小角延伸到了内华达州。死亡谷处于北美的山脉与盆地之中，这里地壳活动频繁，东西两侧的地壳分别向两边延展，形成了高达上千米的山脉，而中间的地壳则呈条状下沉，形成了南北走向的死亡谷。独特的地形使得死亡谷的气候变化多样，夏季，这里的气温直线飙升，高达 57℃；而到了冬天，这里的气温又急转直下，通常在 0℃以下。恶劣的气候

漫无边际的沙漠，为公园增添了几分荒芜之感

使得这里只有深秋和初春才适宜旅游。

受山脉的阻挡，来自海洋的水汽无法到达，使得死亡谷的降水量极少，因此，这里一片荒凉。上天是公平的，这个气候极恶劣的地方，恰恰造就了世界上最为壮丽的奇景之一。公园里有沙丘、盐碱地、峡谷、火山口、雪山等，曾出现在意大利导演米开朗琪罗·安东尼奥尼影片中的扎布里斯基角成了众多游客来此的原因，站在这里，欣赏黄金峡谷在眼前铺开璀璨恢宏的全貌，一片金黄，一片黑暗，如此的大气妖娆。在巴德沃特盆地——北美洲最低点，你会看到白茫茫的一片，像是盐又像是雪的地方，在阳光的照射下，明亮又刺眼，它们是结晶盐，偶尔的一场暴雨就可以将这片干涸的盐田瞬间转化成万顷碧波，而干旱的气候也可以将这万顷碧波瞬间蒸发殆尽。这就是大自然的神奇造化。

色彩斑斓的五彩山

可以将这里的全景呈现在眼前的地方莫过于但丁观景台了，这里是俯瞰死亡谷的纵横沟壑的绝佳地，死亡谷的美景尽收眼底，如此波澜壮阔、险奇诡怪，看到这些，你应该能够明白但丁所描绘的“地狱”是怎样的一番景象了。

□ 恶水湖，太古世纪遗留下来的大盐湖

美景盘点

魔鬼高尔夫球场

由于常年的风吹日晒，这里的地形起起伏伏，宛如一个个小小的尖顶，略带一层薄薄的结晶。正因为地形恶劣，若真的到此处打球，那么就得接受一场魔鬼般的训练。

画家之路

一条长约 9 千米的单向开行的道路，在崎岖的死亡谷蜿蜒而行，道路的两边是起伏的小山，裸露着各种颜色的山石，它们重叠交织，就像是画家恣意挥洒的画作，又如同天赐的艺术作品。行走在这条道路上，就如同在画中游。

恶水盆地

恶水盆地低于海平面 85 米，之所以称其为恶水盆地，是因为该内流盆地的水盐度过高而不能饮用。该盆地时常因山区洪水和降水而形成一些较浅的湖泊，但经过反复蒸发循环，这些盐分形成了六角蜂窝状的结晶，晶莹剔透，十分好看。

TIPS

❶最佳游览时间：11 月至次年 4 月。
❷ 充足的饮用水必不可少，而且这里的很多地方是买不到水的，因此最好随身多带些水。
❸ 很多景点的距离比较远，因此在旅行时，要把油箱加满油。
❹ 想要将这里的景区游览完，大约需要两天，因此，夜晚最好有一个充足的睡眠。
❺ 公园里手机信号不太好，因此最好不要单独行动。

关键词：神秘、古老
国别：澳大利亚
位置：西澳大利亚的金伯利省
面积：239.723 平方千米

波奴鲁鲁国家公园

藏不住的瑰宝

这是一个引人入胜、经久不衰的澳洲传奇。

波奴鲁鲁国家公园是澳大利亚的世界自然遗产之一，“波奴鲁鲁”来自澳大利亚原住民语，是“砂石”的意思。据说原住民已在这个地区生活了 4 万多年，公园里存留着他们在此居住的大量历史遗迹。

蜂窝般的山峰拔地而起数百米，遮蔽着岩石水潭

波奴鲁鲁国家公园以班古鲁班古鲁山脉的独特地形闻名，4 亿年前的石英砂，构成了这些整齐排列的小山峦，随着时间的推移，在外界环境的影响下这些小山峦就变成了我们今天所看到的蜂巢状和圆锥状。也因此独特地形在 2003 年被列入《世界遗产名录》。难以置信的是这些山顶、峡谷和雨季的瀑布除了诗人、科学家和土著，直到 1982 年才为人们所知。尽管班古鲁班古鲁山脉距离主要高速公路这么近，却一直仅为当地原住民和牧人所知。

除了蜂巢状的奇特地形，丰富的物种也为公园增添了不少色彩。一百多种雀鸟在公园里安逸地生活着，它们飞来飞去，引得游人不时地驻足观看。这里还有澳大利亚特有的钉尾小袋鼠，它们的尾巴上有一根坚硬的刺，很是少见。是这些生灵让公园变得如此丰富多彩。

在公园南部，以惊人的自然声效而闻名

阳光下草木繁盛的山坡

的巨大的大教堂峡谷不容错过，在这里试试你的声音，或尝试前往皮卡尼尼潭风景如画的小路，或是挑战自我，前往可以露营过夜的皮卡尼尼峡谷。

而在公园北部，更加狭窄的峡谷又是一种完全不同的体验。轻松步行 2 千米前往针鼹鼠峡谷，在那里仰望两侧高耸百米的垂直岩壁。或徒步前往微型棕榈峡谷，那里有成群细长的利文斯通棕榈和一个传统的原住民生育洞穴。

进入公园的主要道路——春溪小路，游客中心就在道路末端，但这 53 千米是仅适

邦格尔山脉，交织着橘色和黑色条纹的蜂窝状小山，镶嵌在硅土和海藻覆盖的表皮之中，是澳大利亚西部最具魅力的地质奇观

以惊人的自然声效而闻名的大教堂峡谷

合四轮驱动车的崎岖小路，需驱车经过几道小溪。此路在雨季溪水暴涨时无法行走，所以公园只在当地旱季开放。

美景盘点

皮卡尼尼峡谷

公园南部的皮卡尼尼峡谷的特点之一就是可以野营。置身于大自然鬼斧神工的艺术天地中，何不与天地同眠？也许你已多次露营过夜，但在如此奇异的岩石间也许还是第一次，人生应该多几次尝试才精彩。

大教堂峡谷

你是否沉醉于自己天籁般的嗓音？那就来以自然声效闻名的大教堂峡谷试试吧，让神奇的大自然来分享你的骄傲，相信它会回馈你难以置信的美丽声音，似乎穿越时光回到几亿年前。

TIPS

❶浏览波奴鲁鲁国家公园需要花十个小时的步行时间。空中景点游是最好的方式，可以看到最全面的班古鲁班古鲁山。

❷波奴鲁鲁国家公园内仅有露营地，没有任何旅馆和小木屋群，且营地只提供水和简单厕所。

❸汽油和补给品商店都位于土耳其溪镇上，此镇靠近澳洲的大北高速公路。

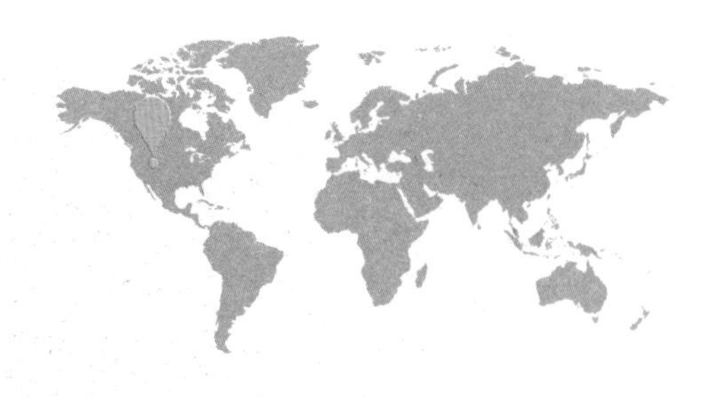

关键词：荒芜、天然
国别：美国
位置：犹他州东南格林河和科罗拉多河汇合处
面积：1366 平方千米

峡谷地国家公园

天然地质博物馆

一片平坦的高地突然陷入地下形成千沟万壑，河流在这千沟万壑中穿行，又形成无数峡谷，十分奇特。

最佳瞭望台观赏公园日落

因峰峦险恶、怪石嶙峋而著称于世的峡谷地国家公园位于美国犹他州的摩押附近，它保留了一大片色彩鲜明的荒芜大地景观。

科罗拉多河和格林河在公园内蜿蜒而去，将公园划分成各具特色的几部分。由于河水的冲刷，风霜的侵蚀，随着时间的推移，这里的峡谷、峰峦、地形愈加险恶，这片怪石嶙峋的荒野，每年都吸引了无数徒步爱好者前来挑战自我。由于这样规模巨大、无比壮观的侵蚀地貌，公园被冠以“天然地质博物馆”的称号。

峡谷地国家公园幅员辽阔，景观是广漠无边的大峡谷。站在大峡谷的边缘极目远望，即使在视野最好的地方，也只能看到它的一小部分，据说，至今仍无人见过其全貌。但大峡谷确实需要凝视。静下心来，凝视那无垠的宽广，它会带给人们一种平静与空旷的感觉。大峡谷上空，有大乌鸦在飞翔。有人以为是鹰，有人认为是秃鹫。后来查资料才知道，它是大乌鸦。只见它伸展翅膀，在大峡谷的边缘盘旋，寻觅着食物。在它的衬托下，天空显得更空旷了。

根据相关资料，大峡谷最上面的岩层，也就是最年轻的一层，是 2.7 亿年前形成的石灰石，最底部内层最古老的岩石，可以追溯到 18.4 亿年前，而地球的年龄也不过是 45.5 亿年。只需看上一眼，10 亿年的历史尽在眼前！大峡谷的美丽和壮观，让人感到谦卑和震撼，它的亘古和永远，让人不禁感叹人类生命的短暂。

对游客来说，最令人流连忘返的，是大峡谷的色彩变幻。由于峡谷两壁的岩石性质、所含矿物质的不同，在阳光的照耀下，会呈现出不同的色彩，并随着阳光的强弱、天气的阴晴变化而变化。尤其是旭日初升，或夕阳斜照时，大峡谷被染成红色或橘色，非常壮观。这是地球最伟大的地质杰作之一。鬼斧神工，景色奇特，浩瀚气魄，独一无二，是非常值得一看的大自然景观。

美景盘点

梅萨拱门

梅萨拱门位于峡谷地国家公园内，是世界上观赏日出的最佳地点之一，每年都吸引着无数摄影师前来。梅萨拱门日出的最大看点便是穿过拱门，前面有一大片开阔的峡谷地，不管是角度上还是地形上都最适合拍摄日出，在拱门拍摄的日出被定义为世界上最唯美的日出。

西峡谷玻璃桥

西峡谷玻璃桥位于大峡谷西峡，呈马蹄形，距离地面有1000多米高，整个桥的底面是由玻璃制成，足以考验游客的胆量。旅客可站在玻璃桥上，在峡谷岩壁环绕下，如在天空翱翔的老鹰般俯瞰1000多米下的大峡谷及科罗拉多河美景，感受在云端的自由漫步。

TIPS

❶上桥不允许自带任何电子设备，因此不能使用相机和手机在桥上拍照，但是主办方有专门的摄影师为你摄影。
❷ 在夏季，最好在日出前开始徒步进入峡谷，上午10点到下午4点之间最好不要徒步下到峡谷里面。
❸ 最好穿着可防雨、防风、防阳光材质的服装，擦上和带好防晒霜。
❹ 在公园内住宿或露营需要提前预订。

一条笔直干净的公路带你游览公园的万千风光

关键词：杏红色
国别：纳米比亚
位置：环绕纳米布沙漠和诺克卢福山脉
面积：49768 平方千米

纳米布—诺克卢福国家公园

梦幻般的杏红色

如果你对沙漠的想象包括连绵的山丘、巨大的砾石平原、高耸的山脉和深刻的峡谷，那么你的理想之地就是这里。

风不断雕刻着纳米布沙漠，使之形成如此整齐的沟壑

环绕着纳米比亚的纳米布沙漠和诺克卢福山脉的纳米布—诺克卢福国家公园，成立于 1979 年 8 月 1 日，是非洲最大的野生动物保护区。“梦幻”是最常用来形容纳米比亚纳米布—诺克卢福国家公园的词。这里最好的游览工具是汽车，打开车窗，让热风吹着你的头发。这里并不是野生动物的乐园，但是离开碎石路走一会儿，你就会遇到各种有趣的动物，在这种极度干旱的气候条件下，奇迹般地生活着多种生物，主要包括蛇、壁虎、稀有昆虫、土狼、好望角大羚羊和豺狼等，珍稀物种能够生存下来确实得益于法律的保护。

虽然纳米布沙漠大部分地方荒芜，甚至难以到达，但仍然有人聚居。数千年的风不断雕刻着沙漠，形成了世界上最高的沙丘——索苏维来沙丘。沙丘的颜色也是它们年龄的体现。就像铁氧化生锈一样，随着时间的推移，沙砾的颜色越来越接近橙色并且越来越亮。这上百米高的红杏色沙丘在无限夕阳的辉映下，摄人心魄。由于降雨在此无天然排出口，人们就结合南非语和当地那

悠闲觅食的羚羊

马族语称其为“索苏维来沙丘”，意为“无尽头的沼泽”。

雨后，紫色的砾石平原便会覆盖一层柔嫩的绿草，金色的沙丘从海上矗立而出。黎明，橙色的晨光和暗淡的沙丘让骆驼荆棘树呈现出一种别样的视觉效果，美得震撼人心。你可以沿着沙丘，向南到达三明治港，成群的粉红色火烈鸟聚集在港湾的水面上。公园里这片荒凉的潟湖曾经是捕鲸船僻静的抛锚地，现在却以鸟类而闻名，这里共有100多种鸟类。

对沙漠的美好向往都可以在纳米布—诺克卢福国家公园实现。游客可以进行徒步游览、骑沙滩摩托车等活动，还可以在美丽的沙漠上露营，在夜晚欣赏享誉世界的纳米比亚星空。这里更是摄影师的天堂，在镜头下，尽享自然的恩赐。

美丽壮观的公园

沙漠中屹立不倒的顽强生命

美景盘点

索苏维来沙丘

索苏维来沙丘是一座“明星沙丘”，这个巨浪般的杏黄色沙丘是世界上最高的沙丘，高达 300 米，来这里的游客有机会尝试滑沙、骑马探险或者搭乘热气球。这片沙丘美得惊人，尤其是在黎明和薄暮中，光影对比使得这儿的沙漠看起来就像是一片波涛汹涌的大海，延绵至永恒。

纳米布沙漠

位于纳米布—诺克卢福国家公园内，此地区被认为是世界上最古老的沙漠，干旱和半干旱的气候已持续了至少 8000 万年。一些不常见到的动植物只出现在这个沙漠中，其中有一种叫百岁叶的植物，它一生中只会长出两片长带状的叶子，这些叶子有数米长。而箭袋树犹如怪异的哨兵，守护着这片“沙漠星空”。还有在沙漠中顽强生活的花，可以为鸟类和昆虫提供花蜜。

TIPS

①在纳米比亚人眼里，“13”预示不吉利，这里没有“13”这个门牌号，所以谈话避免谈到“13”。
②一定要穿长袖长裤，一是防紫外线，二是防蚊虫叮咬，要带上有关防蚊虫的药品。
③不要惊吓或挑逗野生动物，特别是在动物捕猎的时候，不要人为干涉或施加影响。

索苏维来沙丘中的“珠穆朗玛峰”

关键词：原始、瑰丽
国别：美国
位置：怀俄明州西北部
面积：8983 平方千米

黄石国家公园

万园之王

带着最原始、最古老的国家公园标签，喷射出最年轻的血脉。

“凤凰浴火，涅槃重生”，这句话用于形容美国黄石国家公园，恰如其分。这位气吞山河的万园之王实际上就是一座横向 55 千米，纵向 72 千米的巨型火山口。公园地表上诸多神奇的景观都和这千万年来一直潜藏暗涌的火山活动密不可分。难怪有人感慨：黄石公园是一个能触摸到地球脉搏的地方。

1872 年，美国前总统格兰特正式宣布黄石公园为美国第一座国家公园。同时，它也是世界上第一座国家公园。在此之前，全世界还没有哪一个公园能像它那样，虽然经受过 200 多万年的冰火侵蚀，虽然在漫长时光的磨砺下已然满身伤疤，却仍如一头无比高傲的狮子立于美国 3 个州交界处，睥睨天下，安然接受来自全世界人们的膜拜。因此，在黄石国家公园身上，你很容易看到那种君临天下的气度。

黄石国家公园位于美国怀俄明州西北角，并延伸至蒙大拿与爱达荷两个州，公园以其得天独厚的峡谷地貌、地热景观，以及丰富的动植物闻名于世，它被美国人自豪地称为“地球上最独一无二的神奇乐园”。未见黄石，你会在脑海中用各种信息拼凑它的样子，而在你真正见到它的时候，才发现所有的想象都在它的面前黯然失色。

奔流直下的黄石瀑布，轰鸣着泻入大峡谷

在这个古老的公园内，除了优美的自然风光，还有它忠实的守护者——野生动物，与其说动物守护着公园，不如说公园庇护着动物，它们相互偎依，各得其乐。千百年来，黄石国家公园为这些生灵创造着最舒适的生存条件，使得它们可以自由自在地生活。而公园也因此增添了灵动的气息。你看，天鹅在麦迪逊河边孤独地舞蹈；鱼儿则在湖面欢快地吐着泡泡；矫健的羚羊炫耀着线条优

老实泉，一喷则如万马奔腾，蔚为壮观

美的小腿，你来我往地欢跃蹦跳；几只雄驼鹿则小心翼翼地踱步，低声交谈；温驯的骡鹿向行人温柔地行着注目礼，你看它的时候，它水汪汪的大眼睛也正目不转睛地看着你……

但最让黄石引以为傲的是那一身伤疤的荣耀。因为特殊的地理位置和地表结构，黄石地下涌动着熊熊火焰，仿佛它们随时都有可能喷涌而出。丰富的地下水被加热、沸腾后化为蒸汽，如同压抑在喉头深处的那一声呐喊，忽然间便山声鼎沸。无论是晴雨多云还是季节交替，所有的地下水出口都在服从着一道无声命令，忽起忽落，像地底盘根而起的邪恶曼陀罗，四季常艳，不知疲倦。

想要欣赏黄石魄力，就请放下身段，用诚恳的双脚亲吻大地，只有在这一刻，作为大自然的臣民才能与万物同乐。

美景盘点

老实泉

黄石国家公园内的一口大型间歇式热喷泉，因其喷发间隔和持续时间十分有规律而得名。从它被发现到现在的 100 多年间，平均每隔 33~93 分钟喷发一次，每次持续 4~5 分钟，且喷出的水柱高达 40 米左右，从没有间断过。

黄石湖

从高空俯视，黄石湖宛如一只巨大的手掌，五个指头清晰可辨。整个湖泊碧蓝如镜，背靠着墨绿色的山峦，倒映着湛蓝的天空，美得让人屏住呼吸。湖泊里生长着的 300 多种鸟类和 16 种鱼类，使得这片土地生机勃勃。

大棱镜泉

黄石国家公园地热景观的著名景点，位于中间歇泉盆地，每分钟会有多达两吨的热水从地底涌出。泉底富含的矿物

黄石湖边成群的野牛在啃食着小草，景色宜人

大棱镜温泉，各种层次丰富的颜色，远远看去，如梦如幻

质以及体内携带有叶绿素和胡萝卜素的微生物群，使得泉水呈现出神秘绚烂的色彩，并随着季节的更替而变化。爬上它旁边的一座小山，从那里俯瞰整座泉，可以看到层层叠叠的颜色随着水波荡漾，像是水底盛开着一株有着五颜六色花瓣的巨型鲜花，相当令人震撼。

猛犸热泉

位于黄石国家公园西北角，热水通过地下断层缝隙，从远处奔袭而至，在猛犸热泉处涌出，涌出的热水从地底石灰岩中带来大量的碳酸钙。这些碳酸钙沉积在山坡上，日积月累，形成了猛犸热泉独特的梯田构造。这里虽状若梯田，却寸草不生。

黄石河

从黄石峡谷汹涌而出，贯穿整个黄石国家公园直至蒙大拿州境内。黄石河将山脉切穿而创造了神奇的黄石大峡谷。在阳光的折射下，峡壁的颜色从橙黄过渡到橘红，仿佛是两条曲折的彩带。

公园内蜿蜒而至的河流壮观无比

TIPS

①若是在驾驶时看到野生动物，不可随意停车，并注意保持一个安全的距离。

② 不可给公园内的野生动物喂食，即使是鸟类。

③ 黄石国家公园内部的旅馆价格较高，可以选择在公园西门外的西黄石城住宿，也可以自带帐篷，在黄石国家公园内部人工划定的野营点住宿。

关键词：热情、奔放
国别：美国
位置：夏威夷州夏威夷岛
面积：929 平方千米

夏威夷火山国家公园

佩雷女神的怒火

烟雾弥漫的地热蒸汽口，月球表面般的地质，是传说中火山女神佩雷的家园。

公园内美丽的自然景观

提起美国夏威夷，你或许首先想到的是蓝色的海洋、洁白的沙滩和热情的草裙舞。其实，除了这些，夏威夷还有一座建于 1916 年的火山国家公园，非常值得游览。关于它的形成，依然有一个传说。话说佩雷女神爱上了一位年轻英俊的酋长，于是就派她最信任的小妹妹去向酋长提亲，然而小妹妹对酋长也一见倾心，在相处的日子里两个人日久生情，背弃了女神私奔。佩雷知道这个消息后怒由心生，她的愤怒化作炽热的熔岩汹涌爆发，所到之处草木尽毁万物无存。佩雷下令四处捉拿二人并处以极刑，

火山喷发，炙热的岩浆如波浪般缓慢流下山坡

相爱的两个人死后便化作有名的情人花，生生世世厮守在一起。

这座火山国家公园位于北太平洋中部，这里的火山，有些熔岩通过地下通道在几千米之外流出。过去 20 年间，基拉韦厄火山的喷发将价值约 1 亿美元的财产毁于一旦。

这里的火山积聚了地球内部最动荡、最激越的力量，但不同于猛烈爆发，它们的气体是缓缓释放的，经常能看见大地上渗出的缓慢移动的红色熔岩，在此你会看到自然的力量如此强大，容不得商量，只会摧毁一切旧物，然后再按照自己理想的方式，重新建造这片土地。那一片片岩浆所塑造的土地正是它的杰作，而一个个冒着白烟的火山口，伴随着浓厚的硫黄味，向世人彰显着大自然的威力，这些迷人的景观是夏威夷岛地壳运动和7000万年前火山运动共同作用的结果。

这就是史上“最动荡、最暴力”的“红色公园”——夏威夷火山国家公园，其标志性“建筑”是莫纳罗亚和基拉韦厄这两座闻名遐迩的现代活火山。莫纳罗亚火山是夏威夷第一大火山，它海拔 4170 米，呈圆锥形，从水深 6000 米的太平洋底部耸立起来，海底到山顶的高度超过 1 万米，比珠穆朗玛峰高出 1000 多米。而坐落在莫纳罗亚火山东南侧、海拔 1243 米的基拉韦厄火山，以火山频繁喷发而著称，曾有过 30 年间喷发 50 次的纪录。

寻访夏威夷火山国家公园，一切都充满了未知。四周飘浮着硫黄味的空气，在脚下，刚刚冷却不久的岩浆中不时有干草嫩芽冒出，它们顽强地在一切缝隙中寻找存活的机会，

两个徒步旅行者在尽情欣赏公园美景

正因为如此，才使得终年被烟雾缠绕的两座活火山具有了生机和活力，这真是让人意想不到的景色。在热气蒸腾的岩浆中穿行，你会情不自禁地产生幻觉，仿佛自己正穿梭于美国大片烟火纷飞的灾难现场，而你的脚下，确实有地球最核心的力量正在翻腾碰撞，准备随时迸发。

而在夏威夷火山公园的另一个尽头，地球内部最热情的力量逐渐趋于平静，它所有的焦躁和狂暴被大海广博的胸怀收藏，一路奔腾流淌的岩浆和风尘在此止步。游客可以顺着环绕基拉韦厄火山的沥青公路一路游览到海边，夕阳西下时，晕黄的色彩将整个大地笼罩，海平线在悠远的海尽头若隐若现。那一刻，你也许就会明白，为什么夏威夷居民能够如此怡然自得地在这里一住千年。

美景盘点

莫纳罗亚火山

这座世界上最活跃、最大的活火山，被夏威夷人称为“长期火山”，像座巨塔俯瞰着太平洋，炙热的岩浆如波浪般缓慢流下山坡，所到之处一切村庄瞬间荡然无存。但仍不影响世界各地的旅客汇聚于此，一睹它空前绝后的容颜。

基拉韦厄火山

或许，对于前来瞻望基拉韦厄火山的人来说，一开始会感到失望，但是随着时间的逝去，对它的敬畏之情则随之膨胀，直到最后，你会慢慢发现火山的壮美其实早已超出了你的理解范围，让人不由得感慨大自然的鬼斧神工。

瑟斯顿熔岩隧道

最初发现这条隧道的探险队员叫罗令·瑟斯顿，遂以他的姓命名纪念。火山熔岩迅速由山顶往下喷涌而出，由于表面冷却，形成外壳，而熔岩则继续流动至海岸，形成一道中空形的熔岩隧道。洞内偌大的空间，潮湿而凉爽。如今隧道口和隧道的终点处还可以看到绿色的羊齿类植物和美丽的山泉，这些都是它的亮点。

TIPS

①最佳游览时间：4—10月。
②门票按车收取，有效期一周，可多次出入。
③热烤饼、烤猪宴、猪肉饭都是不容错过的美食，当地以各种水果为原料的特色美食令人胃口大开。
④公园内火山活动频繁，有可能会导致通往火山的道路临时关闭，因此，在驱车前往之前，最好打电话咨询一下或提前在网上查询。

关键词：纯洁、清淡
国别：美国
位置：新墨西哥州
面积：777 平方千米

白沙国家公园

诡异奇幻的白色王国

极目四野，白浪滚滚，天地茫茫，你不得不感慨大自然的伟大。

一望无际的纯白色沙丘犹如大海中波涛滚滚的巨浪

见惯了大漠黄沙，当一片白色海洋呈现在面前时，你或许会有一种不真实的感觉。一切洁白如雪，唯有碧蓝的天空，炽热的太阳提醒你这不是雪。这就是诡谲奇幻的白沙王国——美国白沙国家公园。

白沙国家公园位于美国新墨西哥州。从新墨西哥州开车一路向南，不多久就可抵达白沙国家公园。2.5 亿年前，这里原是内陆海，随着时间的流逝，海水渐渐消失，硫黄和钙留了下来，形成了石膏岩。这之后，地球又不断发生变化，最终成为现在的模样——一片绵延 13 千米的白色沙海。

阳光懒散地照耀着这片大地，白沙如碎钻般在地表闪烁。举目四望，四野全是苍茫的白，只有偶尔几棵龙舌兰和不知名的昆虫，提醒你这不是梦幻天堂，而是美国的白沙公园——一个行走在白色沙漠上的奇幻世界。为了更好地保护公园的生态环境，整个公园

在最干旱的沙漠中，艰难生存下来的植物

的路都是直接用压路机在沙子上压出来的，没有刻意的设计感，反而在后现代感里加诸了几分田园景致。这里的沙丘每年随着风向移动，而道路也跟着发生变化。

白沙国家公园独具特色的迷人景色吸引了众多游客前来游玩。进入园区，四周都是起伏不定的沙丘，偶尔冒出的两三棵绿色植物让人心生惊喜，平滑的白沙上偶尔有浅浅的足印，是小动物晚上玩耍的痕迹。天蓝得直逼人眼，沙子在车轮下发出细碎的声音，大面积的纯白色清澈得令人失语。若是累了，在野餐区歇息，桌凳、遮阳篷、烧烤架、洁净的厕所一应俱全。

空旷的场地，白色的沙滩，给了人们玩耍、娱乐的广阔空间。小孩子们三五成群在沙丘上玩沙雕，成年人聊天、唱歌，或是在陡坡上滑沙……或者，什么都不干，只是躺在沙里，望着蓝天发呆。唯有风静静地吹拂，沙丘缓缓地漂移，于是，时光在这样的放松和惬意间悄悄划过。

当雨季来临，落入沙丘的湛蓝雨水，积攒成齐膝的水坑，如此澄明洁净，水坑中的白沙如同珍珠，更加温润、耀眼。然而，天放晴之后，日光将雨水渐渐蒸腾，沙丘又恢

酒杯湾，银白色的沙滩正如酒杯的边缘一样完美

复了原貌，先前落雨的地方被细沙覆盖，一切又仿若一场清淡的梦，梦过无痕。云朵目睹这一切，然后悄然离去。

这就是白沙国家公园，纯洁、清淡，带有几分缥缈的美感，它有着令世人无法拒绝的容颜，无论多少次目睹，仍想着在这里多停留片刻，哪怕只是一刻也好。

美景盘点

沙丘木板路

徒步是这个公园里最重要的游玩项目，不大的公园里一共有四条路线，难度各不相同，任何游客都可选择难度适宜的路线走一趟，沙丘木板路是最简单的一条路线。这是一条唯美的木板路，残疾人也可通行，5 ~ 10 分钟可走完，在这里可以看到白沙生态系统里各种典型的植物。在一望无际的银白沙丘中漫步，这是人生中难得的体验。

TIPS

①最佳游览时间：冬季。
② 带足饮用水，这个公园除了访客中心以外没有任何地方提供水源。
③ 公园内还可以骑自行车，自行车一般是需要自带的。

关键词：祥和、雄浑
国别：澳大利亚
位置：红土中心北领地
面积：1326 平方千米

乌鲁汝·卡塔楚塔国家公园

独特的红色蛮荒

体会这颗红色的澳大利亚心脏，体会这镌刻在血液里的神圣气味。

乌鲁汝巨石整体呈红色，突兀在广袤的沙漠上，硕大无比，雄伟壮观，如巨兽卧地，格外醒目

阳光穿透地平线徐徐射出，晨光中有一片潮红在陆地深处露出端倪。这就是澳大利亚的中心，一片沙石旱地，稀疏植被在地表蜷缩、退却，只有勇敢的乌鲁汝站立在平坦沙原，羞红了双颊的卡塔楚塔静静依偎，任凭风沙磨砺，时光雕琢。在澳大利亚，没有任何地方像乌鲁汝一样容易辨别，它是澳大利亚的知名地标之一，是神圣的代名词。这本是独属于安纳库人的传世圣地，但这不朽的传奇流传至人间后，游人便流连忘返、趋之若鹜起来。

这是一处独特奇趣的红色蛮荒之景，由两处独特的地貌组成。乌鲁汝是一座周长 9.4 千米，高 349 米的拔地砂岩独石。这来自海底的沙砾堆积，经由漫长的地壳运动、气流风化和空气氧化，而出落成如今这副英俊

骑骆驼游览整个公园，也是一种选择

面庞。乌鲁汝表面的颜色会随着一天或者一年的不同时刻而改变。清晨，它换下黑色的睡袍，披上浅红色的外衣；日落，它橙色的裙角照亮了周围的泥土和灌木；晚上，它只留下一个黑色的剪影。当雨季到来时，它还会披上银灰色的雨衣。

乌鲁汝历经亿万年岁月，是一处具有宗教和文化意义的圣地。祖先们历经生活的磨炼与洗礼，透过大自然的奇妙景观，领会出神圣的“久库鲁巴”。为了将心血代代相传，便将这提炼过后的精华以壁画形式雕画在乌鲁汝腹部的洞窟壁上，刻在安纳库人的血脉骨髓中，也烙在这火红色的澳洲心脏。他们坚信这片土地上的任何东西，包括石头都是有灵性的，若是搬移则会招来厄运，容不得任何的放肆与亵渎，乌鲁汝只能被用心凝视、崇敬、膜拜。

在绘画和岩雕中，大多数情况下是由动物当主角，可见这块大地并不像想象中那样荒凉。在这平原和峡谷中，有 27 种哺乳动

洞穴里神秘莫测的壁画

物安逸地生活着，其中有 20 种是有袋哺乳动物。红袋鼠在草原上撒欢，袋鼹在洞中睡觉，野犬在觅食……当然，鸟儿也无处不在，这是个完整的生态圈。

这是一副历经锤炼的苦难之躯。红褐色花岗石散落在地表露出斑驳身影，这些穿越了 6 亿年的远古来客经历日光曝晒、抵御着雨水的侵蚀，被一层层洗刷、剥落，时间就这么飘逸而去，不回头、不留恋，只有那对绯红身影还挺立着，不肯离去，直至沉入凄凉夜色。到这里，请收起匆匆的脚步，以免惊动这熟睡的大地，就让这神圣留在这里，永不散去。

美景盘点

鬃狮蜥

国家公园内，有一种很有意思的动物——鬃狮蜥，它们会根据自己的心情换“衣服”。如果被其他的生物所打扰，它的外皮就会从黑暗的灰色逐渐转变为明亮的橙黄色。当受到威胁的时候，它们会展开外反的皱褶，并竖起咽喉上的刚毛以威慑敌人，这为它们赢得了“有须龙蜥蜴”的外号。有趣的是，它们虽是肉食动物，但没有肉的时候会变成素食主义者。

TIPS

❶最佳游览时间：4—5 月。
❷犹拉腊小镇的艾尔斯岩度假村提供的宾馆，干净卫生，出行方便。
❸澳大利亚肺鱼、袋鼠肉都是地地道道的野味，味道原始自然，值得品尝。

关键词：古老、活跃
国别：新西兰
位置：北岛中部
面积：4000 平方千米

汤加里罗国家公园

冰火两重天

在这里你将亲身体验《指环王》中的异界风物。

美丽的绿宝石火山湖，其绚丽的色彩来自于围岩浸出的已被溶解的矿物质

相传，当年“阿拉瓦”号独木舟首领恩加图鲁伊兰吉曾率领毛利人移居这里，然而在攀登顶峰时遭遇风暴。生命垂危之际。他向神求救，于是神把滚滚热流送到山顶，使他复苏，热流经过之地全部变成了热田，带来热流的风暴就叫作“汤加里罗”，汤加里罗从此得名。热情奔放的火山，辅以古老的毛利文明，铸造出了新西兰最著名的火山公园。南面，鲁阿佩胡火山怪石嶙峋的庞大身躯巍然矗立，它海拔2797米，

是北岛的最高峰。北面是汤加里罗火山，它年岁更长，山势连绵，有多处古老的火山口，喷气孔不断释放着硫黄烟雾。位于中间的是瑙鲁霍伊火山，也就是《指环王》三部曲中的“末日山”。

新西兰的原住民毛利人对这三座火山十分敬畏，认为它们神圣不可侵犯。19 世纪中后期欧洲人开始在北岛中部定居，将土地分割为城镇和农场，毛利人都担心神山会遭到破坏。族长蒂休休·图基诺四世做出了一个极具远见的决定：把火山的神性纳入维多利亚女王的荫庇之下。作为一种极大的信任，1887 年三座壮观的火山被作为礼品赠送给了国家，此处于是成为新西兰第一座国家公园。

汤加里罗就是这样不动声色地向世人展现自己的妩媚风情，火山灰铺就一条银灰色大道，蜿蜒游移于山间。火山峰顶的外部白雪皑皑，内部却沸腾激越。山下，神奇的湖泊像一块块巨型的蓝绿色宝石，错落有致地镶嵌在荒芜的火山之间，闪动着晶莹的光泽，碧波荡漾的湖泊中碎岛重重，漫步于此，你很难用语言来形容这里的景象，不知此地究竟是仙境，还是随时会迸发的地狱。

与汤加里罗的美景并存的，是严重的环保和文化问题。新西兰环境保护署的工作人员不断探寻着折中的公园管理办法：既让滑雪爱好者玩得尽兴，又能保护这片风景瑰丽的土地。一天之内，游客就可遍览光秃秃的火山岩和繁茂的森林，聆听瀑布溅落和鸽子扇动翅膀的声音，呼吸来自地面深处的硫黄气味和雨后蕨类植物与泥土散发的芬芳，最重要的是，用心欣赏鲁阿佩胡火山、汤加里罗火山和瑙鲁霍伊火山的壮美峰巅。

夜幕来临，几维鸟开始归巢。它和汤加里罗火山一起，给这个国度平添了几分传奇色彩。

它们将随着汤加里罗，直到沧海桑田。

美景盘点

汤加里罗高山步道

步道的起点在公园的峡谷附近，往返大概要用一天的时间，沿途的自然风光非常令人期待。翻越活火山对徒步者来说是一个不小的挑战，踩在由火山喷发而造成的贫瘠地面上，嗅着硫黄的味道，不觉激动万分。洗手间和服务中心位于城堡饭店附近，从这儿走半个多小时可以到达瀑布，这是最受欢迎的路线。

瓦塔瀑布，《指环王》里的古鲁姆在这里抓鱼

TIPS

❶最佳游览时间：10 月至次年 3 月。
❷公园内有露营地和小屋供游客居住。

关键词：荒蛮、个性
国别：美国
位置：犹他州西南部
面积：145.02 平方千米

布莱斯峡谷国家公园

雄伟的自然奇观

虽然叫“峡谷”，但并非真正的峡谷，这里是天然石俑的殿堂。

山边的大片石林，就像是神的阅兵场

在美国犹他州西南部的偏远高原，有一座布莱斯峡谷国家公园。神明曾在此大宴宾客，蓝色幕布下，有一方气势恢宏的自然露天剧场，天为帷地为幕，观众座席连绵几十千米，让人禁不住好奇：究竟是谁，有这么大的手笔建起如此奢靡气派的殿堂？而如今曲终人散，唯留下一片苍茫，但那残席剩宴，连罗马角斗场也羞得自愧不如。

布莱斯峡谷国家公园建于 1928 年，虽然名字里有峡谷一词，但它并非真正的峡谷，庞沙冈特高原东面，千万年来，被大风从脊梁上呼啸而过，被太阳炙烤肌肤，被雨滴渗进毛孔……在大自然的一刀刀雕刻下，最终造就了这宏伟的自然露天剧场。

由于成形原因独特，大自然为布莱斯峡

岩柱的形貌如此奇幻，以至于它们看来就像住在幻想世界的居民

谷国家公园点缀了众多精巧与色彩缤纷的尖形岩柱，最高的可达 60 米。在这些岩柱中，岩石含有的各种金属成分给一座座岩柱增添了奇异的色彩。高高低低间，如同许多座露天剧场首尾相接，红、橙、白三色岩石一路绵延开去，洋洋洒洒 30 多千米，成就了这天然的石俑殿堂。这其中，最大的是布莱斯露天剧场，它长达 19 千米，是园内景色中的点睛之笔。

得益于降雨较多，人迹罕至的布莱斯理所当然地成为众多稀有生物的庇护之园。在布莱斯峡谷的草原与森林里，白杨、白桦、黄松、蓝云杉、黄杉随着海拔由低到高依次铺陈开，而罕见的美洲狮、红猫与美洲黑熊也常在林中出没。

布莱斯峡谷以其非同寻常的岩石，吸引着每年上百万的游客慕名而来，但大多数人都不会选择在冬季前往，其实，这里众多形状奇异的红色岩柱群只有被白雪覆盖时，才显得格外引人注目。迎风屹立于公园中的至高点——彩虹点，俯瞰脚下，各色美景一并展现在眼前。举目远眺，140 千米外的亚利桑

布莱斯峡谷以拥有形态怪异，颜色鲜艳的岩石峡谷而闻名于世

那州都无处躲藏，乖乖地暴露在你的视野中。恍惚中，让人产生指点江山、挥斥方遒的错觉。

布莱斯，这个只有神明才有资格享用的盛大“游乐场”，在喧嚣过后，独自谢幕。如今，自然仍在雕刻和创造，但据说在百年之后，这个游乐场会彻底从地球上消失。

美景盘点

天然拱门

布莱斯峡谷中有一处岩石十分奇特，就是天然拱门。橙黄色的岩石中间是一个天然的门洞，门洞上方像一段极不规则的石桥。整个拱门看起来有一种摇摇晃晃的感觉，仿佛随时可能坍塌似的。拱门就像是一个世外桃源的入口，穿过洞口，外面则是一大片郁郁葱葱的树木。

圆形剧场

奇特的圆形剧场是由延续至今的帕里亚河的侵蚀造成的，剧场中密密麻麻的石柱像一座座城堡的尖塔，岩柱最高可达61米。红、橙、白的岩柱宛若艺术家精心雕刻的城堡、塔楼，在夕阳的照射下，显得古老而神秘。

TIPS

①最佳游览时间：冬季。

② 布莱斯属于沙漠性气候，即使是冬天，公园的日间气温也很少低于0℃。

③ 在公园里，护林员会在踏雪健行和冬季天文观赏方面提供免费的指导。

关键词：苍凉、肃穆
国别：美国
位置：犹他州中部
面积：500平方千米

圆顶礁国家公园

壮丽奇特的图画

爱上这荒原的壮美，只需一眨眼的时间。

大圆顶，似美国国会大厦的圆屋顶

圆顶礁国家公园地处美国犹他州中部，在距今约5600万年前，由于地壳运动，导致科罗拉多板块向上提升，而公园恰好位于其断裂带上，于是就有了我们今天所看到的单斜层岩地貌，160千米长的单斜层岩峭壁，让人不得不惊叹造物主的神奇。

因为这里地势低，周边的雨水汇集到谷底，形成了一条常年不干的小河——佛里芒河，它孕育出了终年生机盎然的佛如塔绿洲。公园内的色调以红砂石的红色为主，不同的是因为有佛里芒河，又平添了大片嫩绿，使此处的景观非常独特。

除了入口处的“孪生子”——双子石，路的这一边有鹅脖子湾，它是佛里芒河在漫长的岁月里刻出的一条巨大的深谷，形如鹅脖子，绕过悬崖流向远方。谷边的悬崖上多枯柏，奇形怪状的枯枝在红石和蓝天之间显得苍凉肃穆。

不像其他公园有着各种各样的地形、植被和秀美的山川湖泊，圆顶礁国家公园主要以地质景观为主，在国家公园内处处都是上帝之手留下的刻痕。绚丽而壮观的大峡谷、险峻的山脊是国家公园最为突出的看点。此外还有奇形怪状的岩石，比如白色大圆顶巨岩，它的形状像美国的国会大厦，引得不少游人津津乐道。还有不少岩石像海里的珊瑚礁一般，怪异非常，因此国家公园被命名为“圆顶礁”。其他岩石也非常壮观，有的形如壮丽的城堡，有的犹如巨型的拱门，还有的则像遗世独立的蘑菇云。除了岩石，游客还能看到1000年前印第安人留下的岩画。

因为地貌原因，公园还有其独特之处，那就是岩壁上的水洼，它们形态各异，布满了岩壁，很多生物就是靠着水洼里存积的水才得以生存，水洼可以说是它们的生命之源。

在国家公园的步道中，希克曼桥步道最受欢迎。步道全长约2千米，路途中还能近距离观看国家公园的红色砂岩和岩壁上的岩画。线路中包含有数座天然拱桥，其中包括壮观的希克曼桥。走完步道，爬上南边的悬崖，一片美景尽收眼底，弗里蒙特河从脚下奔涌而过，远方则是壮丽的大峡谷。尽情享受这上帝赠予的盛宴吧，给自己一次心灵的补给。

美景盘点

大圆顶

作为圆顶礁国家公园的大明星，形似美国国会大厦的大圆顶可谓风光无限。它是一个浅白色的半球形巨型岩石，四周布满了褶皱。远远看去，圆顶犹如遗落在荒野的宏伟建筑。大圆顶的下方散落的零星树木，又给圆顶增添了几分柔美。尤其是在秋季，周围树木的叶子变成了金黄色。蓝天、白顶、黄树构成了一幅生动的图画。

双子石

形成于三叠纪的双子石，根部是红色的，而上层则是浅红色和黄褐色。两块巨大的岩石形状非常相似，就像一对双胞胎，在公园入口处的路边等着母亲的归来。天气晴朗时，红色的砂岩在蓝天的烘托下，显得更加苍凉肃穆。

蓝天、白云、绿树、红石，壮丽的景致和色彩让人惊叹不已

TIPS

❶春季是欣赏山花和观赏野生动物的最佳时节，秋季天气温和，是远足和摄影的最好时间。
❷公园内有住宿营地，比较便捷。

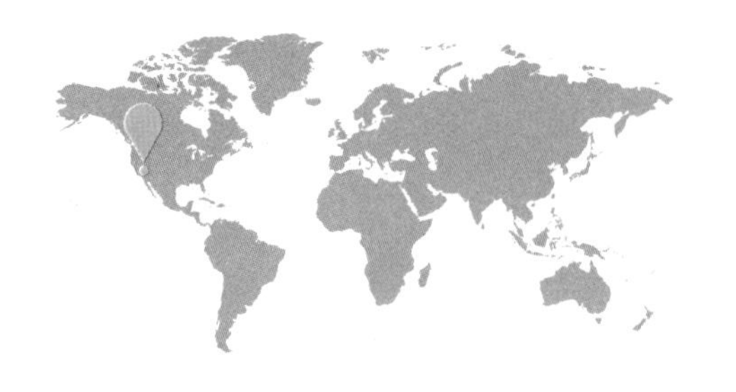

关键词：险峻、极致
国别：美国
位置：加利福尼亚州，内华达山脉中部地区
面积：3080.74 平方千米

约塞米蒂国家公园

童话的世界

请丢掉一切束缚与羁绊，与自然为伴，倾听心灵的歌唱。

拥有五彩景色的环形徒步路线

约塞米蒂，这里就是童话世界，你无法想象，多种极致的色彩全都以一种狂放的姿态共存于同一空间，将灰色的基调装点得异常绚烂。在这里，美都失去了意象的色彩。

约塞米蒂于 1890 年正式成为美国的国家公园。走进约塞米蒂，你会发现这是一个打破想象的地方。造物主将瀑布、山谷、冰山、内湖、冰碛……在这里完美融合，用地震、火山、冰河等手法雕刻出了约塞米蒂的雏形，再历经数百万年的时间，精心细致地切割着、冲刷着、打磨着这一切。最终，在几个世纪之后，约塞米蒂的轮廓渐渐显现：陡峭的山峰、深邃的峡谷、姿态各异的崖壁……巨人般耸立的花岗岩块，每一块都似被岁月的大手抚过，灰色的岩石表面像波光粼粼的湖水，可以直接反射出阳光。铺陈完灰色后，造物主又大手一挥，把连绵的生命尽数挥洒到这方宝地——晶莹的溪流、剔透的湖水，倒映着碧蓝的天空；白松、橡树、兰伯氏松、瘦形松、北美圆柏，一路颜色深浅不一；偶然有棕色小鹿闯入，像是神明派出的精灵，忽闪着无辜的大眼睛……粗犷与细腻，热情与冷静，这一切矛盾都不再泾渭分明。

很难想象，一个由万年不朽的花岗岩石构筑的乐园会是温润、鲜活的，同时，它的美丽与温柔还会随着季节不同而散发出不同的味道。春天，空气中弥漫着涩涩青草味，各种鲜花缀满草地，山冈上的积雪渐渐消融，汇成涓涓溪流，有野鹿在溪边低声倾诉着一冬的奇遇；夏季，各种植物伸展出长长的臂膀，在风中轻柔地舞动着，倒映在清澈的湖水中，与巨大的傲然挺立的石圆丘相

◘ 溪水平缓舒畅，在峡谷间展现着它的清澈与秀美

互映衬，共同酝酿出甜美而温和的约塞米蒂味道；经过整个夏天的喧嚣，约塞米蒂变得沉静而安详，溪水下降到最低水位，憨懒的浣熊在丛林间安然地晒太阳，调皮的野鹿不时奔腾而过，就这样，伴着寒风与大雪，冬天悄然降临，瀑布回归了沉寂，溪流停止了歌唱，活泼的花栗鼠也失去了踪迹，纷飞的大雪将世界粉饰成炫目的银白，宛如一幅圣洁的画卷。在这里，你会在不经意间让自己脚步慢些，再慢些，呼吸轻些，再轻些，生怕惊扰了这静谧的人间天堂。

约塞米蒂景色迷人，难怪博物学家约翰·缪尔曾发出这样的感叹："上帝似乎总是在这里下功夫装扮美景。"在这花样美景中游走，如同亲身经历一场"爱丽丝漫游仙境"，这恢宏的自然殿堂，是上帝遗留在人间的童话世界。那么，我们不如放下负重，一起来畅游仙境，让一切都回归到天真无邪的最初吧。

一对徒步者正在欣赏约塞米蒂瀑布

恬静的秋季里，晶莹碧透的溪水倒映着美景，满满的诗情画意

美景盘点

约塞米蒂谷

公园内美景的心脏所在，位于加利福尼亚州内华达山脉的中部。只有短短 12 千米长，不到公园总面积 1% 的地方，却凝聚了公园最美丽的景致，这里草木丛生，一片葱绿，将无数美丽的圆丘和山峰点缀，而风情各异的瀑布则被满山的鲜花青草簇拥着，美得令人窒息。

埃尔卡皮坦岩壁

一个由谷底垂直向上的岩壁，耸立在瓦沃纳隧道左侧。它高达 1099 米，是世界公认的最大的花岗岩壁之一。从 20 世纪五六十年代开始，攀岩界一些如雷贯耳的名字就与这里有着紧密的联系。

马尾瀑布

一条季节性的红色瀑布，高约 609 米，如同火山岩浆沿着山崖喷泻而下，这一景观出现的概率较低，摄影师们往往要等上几年才能拍到。

TIPS

① 最佳游览时间：夏季。

② 若是想要在公园内骑车环行，最好自带自行车，公园内的租车价格非常贵，18 美元 / 小时。

③ 公园的门票为一车 20 美元，7 天有效。

关键词：奇异、壮观
国别：南非
位置：开普敦
面积：约 1874 平方千米

桌山国家公园

上帝的餐桌

桌山本身就是一个惊喜，桌山国家公园，会给你数不尽的惊喜。

桌山景色奇绝，到处是嶙峋怪石，石间点缀着绿色灌木植被，景色无与伦比

桌山国家公园位于南非的开普敦，因公园内有一座名叫桌山的山峰而得名。桌山山顶平如桌面，海拔 1087 米，是开普敦的地标性景观，见证着南非 400 年的历史。桌山对面的海湾，也因桌山而得名桌湾。桌山山脉挡住了寒流，为开普敦创造

波光粼粼的大西洋海湾，为公园增添了几分意境

了温暖湿润的气候，登上山顶可以俯瞰整座城市和海湾。

桌山意为“海角之城”， 神奇的桌山被当地人称为“上帝的餐桌”。上帝这张桌子长 1500 多米，宽 200 多米，巨大无比，任何一个凡人恐怕都难以享用。广阔的桌山平地高原和信号塔一起，构成了桌湾壮观的露天天然剧场。

桌山国家公园植被繁茂，种类繁多，要是植物学家来到这里，定会兴奋不已。山上的鸟多得出奇，也从不躲避游人，还有蹄兔、豚鼠、猫鼬、蛇和龟等动物。另外，还有少量来自东南亚的小鹿和源自欧洲的水鹿。像蹄兔这类的小动物跑来跑去，享受温暖的阳光浴，偶尔还蹲在岩石上和人们合影，顽皮可爱至极。

桌山附近的山坡被低矮的灌木丛覆盖，并不起眼，但沿着山坡一路走来，就会有惊喜映入眼帘。那大片瑰丽多彩，花形奇特的花朵，点缀着起伏的丘陵，令人难忘，它们就是南非的国花——帝王花。帝王花号称“植物活化石”，巨大的花形、鲜艳的色彩、百年以上的寿命，盛放遍野。它们在拥挤下争相开放，一个个硕大的花球蓬勃向上，外围是巨大的苞叶，耀眼明媚，充满着霸气。长长的花期使得帝王花在几个星期内都是一道耀眼的风景。这种颇为古老和原始的植物，现仅分布在非洲、南美洲与澳洲。

在这里，除了登山，还可以坐缆车欣赏公园美景。遥望远处烟雾缭绕的山峦，被水蒸气覆盖的海面，水雾渐渐从海面飘到城市上空，宛若仙境，你还甘于做凡人吗？

美景盘点

信号山

信号山海拔 346 米，位于桌山一侧，是欣赏大西洋美景的最佳地点。到了晚上还可以在山上观赏开普敦夜景，令人叹为观止。开普敦周一至周六中午 12 点都要在此举行一种传统仪式，山上加农炮齐射，南非人甚至用它来对钟表。

桌山云海

每年夏季的时候，东南风携带着大量的水蒸气呼啸而来，遇到桌山后因被阻挡而迅速上升。由于山顶冷空气作用，水蒸气一下子凝结为云团，就像给桌山穿上了一条厚厚的白纱裙，场面蔚为壮观。

TIPS

①最佳游览时间：夏季、秋季。
② 南非日照强烈，外出注意防晒。
③ 桌山有各种别致的度假小屋和舒适的旅馆可供住宿。

仰望桌山，乱云飞渡，变化万千，加之植被点缀，美不胜收

关键词：奇异、神秘
国别：美国
位置：新墨西哥州
面积：190 平方千米

卡尔斯巴德洞穴国家公园

富丽堂皇的自然宫殿

经过千万年的溶解，滴水终于穿石，最终成就了这些美得不可思议的岩石阵列。

洞内灯光绚烂，为钟乳石披上彩色的外衣

每到夏季日落时分，美国新墨西哥州南部的瓜达卢普山脉一角，一团团黑云从地面上盘旋着升起，仿佛一阵龙卷风，直到黎明到来时，它们才陆续返回。这种奇异的景象引起了人们的注意，终于在1900 年，卡尔斯巴德洞穴才揭开了它的神秘面纱。

这是一座富丽堂皇的自然宫殿，面积约189 平方千米，大约始建于 2.8 亿年前，而这项宏大工程的蓝图最初是由雨构建而成的，这个兢兢业业的“施工者”，花费很长时间慢慢渗入瓜达卢普山石灰岩山体的裂缝中，将山体里松软的岩石溶解，逐渐凿刻出洞穴和隧洞，最终水从洞穴中流出，随着时间逐步勾勒出这庞大宫殿的粗略轮廓，一分为三层：山体内地上330米处一层，250米处一层，地下200多米处一层。时光紧随其后，在这巨大的宫殿里细细雕琢出83个独立的洞穴——绚丽多姿的石炭帷幕吸人眼球，千姿百态的钟乳石予人美感，光芒璀璨的洞穴珍珠遍布其间，璀璨绚丽的光芒直逼人眼。而在这些洞穴中，规模最大、风姿最为绰约的当数巨室洞穴，此洞穴长1200米，宽188米，高85米，四壁挂满了姿态各异的钟乳石幔，将其装点得犹如一座豪华的宫殿。应该是上帝说服了最得力的能工巧匠，并将他们都聚集到这里，才打造出了如此气势恢宏的宫殿吧。更妙的是，轻轻击打宫殿的表面，会发出一阵奇异、悦耳的鸣响，如同中国古代的编钟，用最纤细敏感的神经，记录着时光的更迭。

走进卡尔斯巴德，宛如进入一个地下迷宫，它是迄今已测得的最大的一处溶洞，其总面积可抵得上14个足球场面积的总和，洞穴里林立着针状钟乳石，像布满了金碧辉煌的珍珠，在光影效果之下，绚烂迷幻，仿佛在某个星球的核心穿行，而前方究竟通往何处，却是未知，也许是异次元空间，仿佛一不小心，就可能完成一场旷古穿越。

当然，来到了卡尔斯巴德洞窟，又怎能错过向人们发出提示信号的蝙蝠呢？在黄昏来临时，看上万只蝙蝠从黑暗的巢穴中倾巢出动，瞬间将沙漠上方的天空遮蔽，场面之大，气势之盛，在瞠目结舌的同时，你会明白，唯有如此气势方配得上这份神秘。

若是厌倦了地上之旅，不如来卡尔斯巴德洞穴，深入地下，穿越时光，看岁月在地球核心留下足印，留待千年之后考证。

美景盘点

圣诞树

一个形状像圣诞树的石笋，它位于洞中。这个洞穴遍布着闪闪发光的晶体，非常漂亮，但这个洞穴较深，具有探险精神的游客可参加特别游览项目来此参观。

王者宫殿

一个巨大的洞穴，电影《地心游记》曾在此取景拍摄。这里有一块岩石，它形似一头大象的背面，仿佛由一尊光滑的白色岩壁雕琢而成，非常漂亮。

根根石笋倒挂洞中，景象蔚为壮观

TIPS

①洞穴内的道路多不平，所穿的鞋要尽量舒适，且应注意防滑。
② 在洞穴内游览时，要听从工作人员的指示，以免迷路。
③ 要爱护洞穴里的环境，自备垃圾袋。
④ 洞穴内比较凉，且潮气较重，最好穿长衣长裤进洞。

关键词：秀丽、风情
国别：加拿大
位置：不列颠哥伦比亚省东南
面积：1406 平方千米

库特尼国家公园

极致的风景画

不经意的回眸中，它就会在一瞬间牵住你的心，让你折回来看看这青涩如橄榄的一潭碧水。

山脉同蔚蓝的天空、碧绿的湖泊以及葱郁的森林组成了一幅百看不厌的油彩画，像是走进了诗人笔下的“人在画中游”的胜境

加拿大库特尼国家公园设立于 1920 年，它拥有崎岖但非常秀丽的山地景致。公园南端可以发现仙人掌的踪迹，不过斜坡则是青草茂盛，使得全区有更丰富多元的景观。公园的名字来自库特尼河，是穿过公园的两条河流（另一条为弗米利恩河）。库特尼河的上游在公园之外，穿过公园，流到落基山谷，最终流入哥伦比亚河。

河流的侵蚀使得这里形成了大量有着独特风格的峡谷，比如大理石峡谷就是其中非常特别的一处。峡谷壁崎岖陡峭，长满了树木。在最窄的地方，峡谷看上去就如同一条裂缝。谷内的河水泛着碧绿的色泽，非常漂亮。

经过大理石峡谷的银朱河，形成了并不高大却别有一番景致的纽马瀑布。走在横跨两岸的钢索桥上，就会发现这里的土壤是红色的，河水也是红色的，热情洋溢。就连这里的解说牌都别具一格，褐色的模板，难以辨识的字体，给人一种新鲜的感觉。这里的赭土矿层富含氧化铁和氢氧化铁，它们最易于用作颜料，土著印第安人最早发现后，一直以此为荣。沿着小路往上走，不远处，就是彩绘池。彩绘池由三个矿泉池组成，是一个矿泉群。这里的泉水含有大量的铁矿物质，泉水所到之处，土地都被浸染成了红、黄等各种颜色，在阳光的照耀下五彩斑斓，美不胜收。

瑞迪恩温泉镇是国家公园内除自然景观外的一个人文景点。这里有一些非常不错的住处，游客不妨到这里来订房。温泉镇的房屋修建得别有味道，木质的楼房漆成白色，上面栽种着美丽的花朵和绿色植物，极具北欧风情。小镇因公园内的瑞迪恩温泉而得名，温泉以含有微量的放射性元素镭而著称，水温在 35 ~ 47℃，恰到好处，十分舒适。镭温泉与落基山地区的其他温泉不同，几乎没有气味，温度也相当高。镭温泉的泉水来源自红墙断层，是雨水与融雪渗入地下，经地热加温、加压后，新回到地表成为温泉，治疗疾病十分有效。

2003 年夏天，一场山火烧毁了这里的一切，令人惋惜。虽然当时森林只剩下一片焦黑，但随着时间的推移，人们发现这场山火带来了生态上的正面作用，那些躲过一劫的生物反而可以相互依存。十几年后的今天，再次回望这里，烧灼的痕迹依然存在，焦黑的树干，或立或卧，而在它们身上或身旁的土地上又长出了一层层新生命，还有那一片片紫色的柳兰，让这片曾经发生过劫难的土地开始了新的轮回。这里充满了生机，这种新与旧的交叉，更能让人体会到生命的意义。

橄榄湖四周植被环绕，湖水碧绿

宁静的湖泊、深邃的峡谷，舒爽怡人

美景盘点

纽马瀑布

纽马瀑布位于朱砂河上，从大理石峡谷往南，不久便可以到达。瀑布落差不大但是很有形，旁边的岩石棱角分明，其水量充沛而充满了力量，水花激荡，别有趣味。朱砂河平缓的浅滩，有一处休息野餐地，可以在那里野餐。

橄榄湖

橄榄湖位于公园内，湖水为橄榄绿色，因此而得名。湖泊极小，湖水清澈，似橄榄石一般镶嵌在大地上，小巧迷人。湖泊紧邻公路，有两条小路可以直达湖泊，一条可以通往钓鱼台，另一条则通往观赏台，偶有清风吹拂，湖面荡起层层波纹，似美女抚弄秀发，清秀可爱。当湖面平静下来时，就像一面明镜，倒映着周边的景物，美若仙境。

TIPS

①最佳游览时间：6—9月。

② 瑞迪恩温泉镇的旅馆很不错，顺便还能享受温泉的乐趣。

③ 公园内也有不少露营地，但是要注意不要离开露营地太远，因为可能会有野兽出没。

站在吊桥上，湖光山色一览无余

关键词：幽深、孤傲
国别：美国
位置：科罗拉多州西南部
面积：124.4 平方千米

甘尼逊黑峡谷国家公园

气势磅礴的风景

置身于这片峡谷之中，不得不让人对大自然的神奇创造力肃然起敬。

甘尼逊河像条巨龙一样蜿蜒于黑峡谷之间

在美国科罗拉多州西南部，有一座以峡谷景观而闻名的公园——甘尼逊黑峡谷国家公园。早在 1933 年，甘尼逊黑峡谷就成了国家保护区，公园内的黑峡谷险峻孤傲。甘尼逊河从峡谷中奔流而过，每当转折或者撞到凸出的山岩时，就会激起层层的水花。

在 17 亿年前，前寒武纪片麻岩和片岩

是黑峡谷的主要构成物质。最深的峡谷有800米，宽度约2000米。单看这些数字，无法感受到这个峡谷公园的出众，只有进入公园才会明白。甘尼逊黑峡谷国家公园的景色气势磅礴，其壮观之处便是由于其峡谷的窄，很多峡谷壁近似于垂直，从而显得流经谷底的甘尼逊河格外湍急。峡谷岩石的色泽深暗且微泛蓝光，直上直下，棱角分外分明，在阳光下泛着微微的蓝色光芒，显得神秘而峥嵘。即便如此，峡谷北缘依然是攀岩爱好者的胜地。

公园里还有一座画壁，高达700米，是科罗拉多州最高的画壁。大约在1亿年以前，熔化的岩浆经过外力作用灌满了这片岩石的缝隙，后来便与这片岩石合为一体，因为岩层的质地不同，就形成了我们今天所看到的白色和粉色的花纹，极为壮观，当你静静观赏这画壁，不得不感慨大自然的神奇。

险峻的黑峡谷和澎湃的甘尼逊河虽然能够难倒游人，却难不倒世世代代生活在这里的植物和动物，越是险峻，越是人迹罕至的地方，就越是它们的乐园。在这里，游客到处都能看见杜松和白杨，麋鹿、土狼和猫头鹰穿梭其间，雨燕和鹰在天空肆意翱翔。可爱的黄腹土拨鼠在岩石间刨着土，发出嗡嗡的声响。金色地松鼠、科罗拉多州花栗鼠和漂亮的灰色岩松鼠，在峡谷间上蹿下跳。黎明时分可以听到土狼的嚎叫声，让人毛骨悚然。若是在清晨和黄昏时驾车行驶在公园中，时常可遇到横穿马路的驼鹿。如果行走在黑峡谷的小径中，还能遇到光亮的绿蛇、地鼠蛇、蜥蜴等小动物在低矮灌木丛中穿行。如果你是有经验的攀爬爱好者，就一定会对这里的险峻跃跃欲试。

美景盘点

甘尼逊河

甘尼逊河是科罗拉多河的一条支流，全长264千米，1/4的流域都在甘尼逊黑峡谷国家公园之内。细长的河流像一条黑色巨龙在峡谷中蜿蜒穿行，它也是险峻的黑峡谷的缔造者。两岸的岩壁陡峭而垂直，这使得河水看起来格外湍急。黑峡谷投影在甘尼逊河中，把河水染成了黑色，看起来幽深异常。

□徒步者行走于陡峭的峡谷间

TIPS

❶公园内有不少露营场地，不过一般需要提前预订才行。
❷每年12月至次年1月，人流最稀少，但是峡谷北缘的道路可能会被风雪封锁。
❸夏季是旅游高峰期，但天气炎热；5月中旬至6月中旬是观赏野花的最好时节。

关键词：韵致、宁静
国别：新西兰
位置：新西兰南岛的西南角，濒临塔斯曼海
面积：12500 平方千米

峡湾国家公园

冰川雕琢的独特景观

前一秒是烟雾缥缈的神秘湖景，下一秒翻过山头，却又是数十条飞瀑宣泄而下的震撼。

在新西兰南部的一个小岛上，坐落着新西兰最大的国家公园——峡湾国家公园，它景观独特，有岩石海岸、峡湾、高山湖泊、悬崖峭壁和众多瀑布，而这些都是冰川反复雕琢的结果。

从远古时代开始，峡湾国家公园便与冰川结下了不解之缘。一般情况下，冰川静卧在海面上，但当地球开始“震怒”时，它们便立即换上狰狞的面孔。200 万年前的巨大冰川运动，削尖了山峰，拓宽了湖泊和峡谷，凿深了 V 字形谷底，就这样，峡湾国家公园雏形初露。

作为世界上最大的国家公园之一，从外围远眺，公园内峭壁连绵，群山起伏，飞瀑直流，在阳光的照射下，冰川散发着耀眼的光芒，峡谷在森林脚下吹响了肃穆的号角，一副气派景象。由于峡湾错综复杂的面貌，此地被誉为“高山园林和海滨峡地之胜”，让人不得不沉醉于它的旖旎风光。

巍峨的远山，充满特色的雨林，烟雾缥缈的湖景，使这里的神秘色彩愈加浓厚

整个国家公园分两个海岸。西海岸被海水淹没的冰川峡谷组成海湾，其中 14 个峡湾的总长达 44 千米。而南海岸的峡湾比西海岸的还要长，由于入海口较宽，诸多小岛分布其中。峡湾内，闪耀着午夜鬼魅般蓝光的海洋上倒映着一座座巍峨的雪峰，海洋则一直延伸至公园茂密的森林深处，景色煞是美妙。这里的峡湾曲折，景色壮观，乘直升机或是乘船游览都是不错的选择，但是会错过峡湾公园中最迷人的自然生态。徒步行走是亲近峡湾公园唯一的方式。这里有全世界

米佛尔峡湾，领略到壮观的悬崖峭壁和旖旎风光

最好的徒步旅行路线，沿着徒步路线行走，可亲身体验到大自然的美丽：壮观的湖泊，茂密的森林一片葱郁，众多的鸟儿穿行其间，在森林里奏响一场又一场美妙的交响曲；湖泊壮观，在深绿的植被下透着幽幽的绿色，又在湛蓝天空的倒影里铺满了蓝色，两种颜色在微波荡漾中逐步融合，交织成深沉忧郁的湖蓝，湖水载着群山，微微荡漾，让人忍不住驻足观望。瀑布奔涌而下，所产生的雾雨在阳光的照耀下，化作五彩缤纷的彩虹。若是有幸，或许可以看到野生企鹅憨态可掬的模样呢。

如今，峡湾国家公园历经了数百万年的、地貌更迭，但它的风采依然，吸引着世界各地的人们前来一游。

美景盘点

马纳波里湖

毛利语为“伤心湖”，南岛最深的湖泊，最深处达 443 米。它长约 29 千米，面积约 190 平方千米，3 个狭长的湖湾分别伸向南、北、西方向，形状如驰骋的马驹。湖的四周被群山环绕，而湖内有多个小岛，湖水碧绿、清澈，被誉为“新西兰最美之湖”。

特阿瑙湖

南岛最大的湖泊，面积约 400 平方千米。它长约 61 千米，最宽处不足 10 千米，湖体狭长。西部有 3 个狭长湖峡，直插山间，形如低头吃草的长颈鹿。湖岸边山深林密，有上千个湖滨岩洞，洞里有地下瀑布、地下河以及萤火虫奇观。

苏瑟兰瀑布

公园内最著名的瀑布，它被毛利人喻为“白丝带”。瀑布位于米佛尔峡湾上，由三级壮观的瀑布组成，总落差达

淙淙而下的小溪打破了公园的宁静

580 米，是南半球第一大瀑布。

米佛尔峡湾

峡湾国家公园里浓墨重彩的一笔。游览米佛尔，可沿着蒂·阿瑙河东岸而行，一路上天光明朗，群峰如画，在经过霍马隧道后，峡湾便近在眼前。大峡谷高耸入云，银白色瀑布从天而降，而号称“世界八大奇景”之一的米特峰峭然立在海岸边。

TIPS

①最佳游览时间：12 月至次年 2 月。
② 每年的 11 月到次年 4 月，到新西兰旅行时，最好提前预订房间，否则可能没有地方住。
③ 若在新西兰使用笔记本电脑，需要准备 RJ-45 网线来连接上网，还需要二脚或三脚电源插座扁平插头适配器。
④ 湖泊中会有一些寄生虫，最好不要直接饮用湖泊中的水。

根根挺拔的绿草为公园增添了一抹童趣

关键词：安详、平和

国别：美国

位置：犹他州

面积：607 平方千米

锡安山国家公园

神圣之地

这块“神圣的安详之地”，险象环生，难以攀缘，让人望而生畏。

一根根华美的玉柱，立于五彩缤纷的峡谷中

若是看过了太多的峡谷，便不再惊艳于它们的雄奇美丽。但是在锡安山，这种感觉将会打破，这一切都得益于它艳丽的色彩。

跨越美国“山地时间”和“太平洋时间”的变更线，沿着 I-15 公路进入犹他州一路向南，几个小时后，1919 年建成的锡安山国家公园便静静地等候在路的尽头。

锡安山国家公园位于美国犹他州西南部。公园的风景主要集中在锡安山峡谷。这条由维尔京河冲刷而成的峡谷长 25 千米，两侧谷壁陡峭直立，几乎可与地面呈垂直状态。抬头仰望，四壁险象环生，难以攀缘，只能看到一块几平方米的天空；陡峭的山谷虽然让人望而生畏，但是谷中美丽的岩石色彩绚烂，让人不忍移步。一层一种色彩，一层一段传奇。从鲑鱼红到柠檬黄，又跃至云英紫，之上陡然变成琉璃红，间或有阳光跳跃其中，无疑是一场流光溢彩的声色饕餮。当夜晚降临，如水月光无声地流淌在峡谷间，纯粹的银色覆盖了其他一切色彩，峡谷退却了日间的嚣杂，只留下宁静淡泊的气质。这是人间和天堂的终极关卡，无穷无尽地向前延伸着，仿佛只要向前，便能找到心中的天堂。

锡安山是摩门教徒奉为天国和圣地的所在，它的意思是“上帝的天城”，仿佛冥冥之中这片土地得到了神的首肯，以其出人意料的瑰丽而与众不同。“大白皇座”孤峰是其中最引人注目的，它高达427米，自峡谷谷底而起，巍然耸立。令人称奇的是，这座山峰的山体色彩层层更迭，由暖色系逐渐向冷色系过渡，从一开始的底座红，到后来的品红、淡红、粉红、乳白，直至顶上葱茏绿树，如同一根绝美的七彩玉柱，昂然挺立于峡谷当中，与天神对话。

夏季是锡安山最迷人的季节。潺潺的溪流蜿蜒曲折地流过，河边的枫树、白杨和崖壁上的嫩绿地衣在日光中妩媚地招摇。爬到峡谷顶端，俯瞰脚下，水将群山环绕，当夕阳西下，两旁的峡谷被染成一片金黄，让你不禁赞叹天地如此美丽、博大。

高大险峻的悬崖峭壁和峡谷，加上淙淙流水点缀，构成了一幅美丽的山水画

锡安山峡谷最著名的白色大宝座，其岩石色彩颇有层次，从峡谷谷底拔地而起，巍然耸立，甚为壮观

在锡安山，感受大自然的朴实，以此来洗涤灵魂，生命因此而得到升华。

美景盘点

锡安峡谷

是锡安山国家公园最经典的部分，穿行于峡谷中，森林葱郁，流水潺潺，山清水秀，吸引了无数的徒步爱好者。如果你的体力充沛，可以直达山顶，沿途风光会把劳累一扫而空。待到夕阳西下，周围的一切笼罩在金色的余晖中，更是美得惊艳。

处女河

停车场旁蜿蜒伸展着一条有着美妙名字的小河，就是处女河，她羞答答地隐藏在峡谷树林之中，静静地流淌着，好像在向人们显示着她的温柔。

TIPS

❶最好带上身体乳、润唇膏，以及创可贴和一些药品。

❷ 公园内是禁止投喂松鼠的。

❸ 最好穿登山鞋登山。

第二章

行——诗画墨韵

公园里的

湖光山色、飞瀑流云，

犹如一幅绵长的美丽的山水画，

游行其中，

像是误入了

上帝遗留的人间仙境。

左图：伊瓜苏瀑布巨流倾泻，气势磅礴，声如洪钟，激起层层水雾，令人惊叹

关键词：自然、原始
国别：日本
位置：北海道
面积：904.81 平方千米

阿寒国立公园

高透明度的温泉乡

来一场和阿寒的浪漫约会吧，无论时间多久、距离多远，她等你来。

摩周湖，是全日本透明度最高的湖泊，湖面如镜，带有深深的静谧的色彩

在日本北海道的火山群中央，有一座原始景观公园，那就是阿寒国立公园。整个公园都被原始森林覆盖，再加上阿寒、屈斜路、摩周三个活火山口地形，温泉、火山、森林、湖水成为这里的特色，秀丽的风光让这里成了室外活动的胜地。

日本阿寒国立公园是由雌阿寒岳、雄阿寒岳和阿寒富士等火山群组成的山岳公园。其中雌阿寒岳在北海道东部，这里地势雄伟，温泉繁多，颇受人欢迎。由于它位于内陆地区，所以会在一天中产生较大的温差。即使在白天温度高达 30℃的夏天，往往早晚也会出现辐射冷却的现象，使气温降到10℃以下，还常常形成云海。冬天这里可以观赏到树挂及空气中水蒸气结成晶莹闪亮的冰珠现象。

雄阿寒岳被认为是一座死火山，挺立在阿寒湖畔，而公园内最高的山——雌阿寒岳则是一座活火山，它海拔 1499 米，最近的一次小规模喷发是在 2006 年 3 月 21 日。

阿寒富士则是公园内的另一座活火山，海拔 1476 米，优美秀丽。由于圆锥形的优美山形，所以称作阿寒富士。

公园内分布着众多的雪峰和火山湖，覆盖着成片的原始森林，景色十分壮丽。广袤的森林成了众多的动植物的家园和居住地。这里生活着大到马熊、北海道日本鹿，小到老鼠、松鼠等 24 种哺乳动物。观鸟也是人们来这里的目的之一。这里还有熊啄木鸟、白猫头鹰、虎头海雕、白尾海雕等珍稀鸟类，因此被称作鸟类的乐园。

阿寒湖风光旖旎，海拔 420 米，水深 44.8 米，湖水中生长着一种绿色海藻球。湖水东岸则挺立着秀美的雄阿寒岳。阿寒湖畔的温泉也吸引了众多的游客。游客可以在北海道土著民族阿伊努族部落欣赏到传统的舞蹈。

园内最著名的当属神秘之湖——摩周湖，它有着世界上屈指可数的高透明度。周长 20 千米，最深 212 米，四周围绕着神秘的火山口湖。摩周湖因为没有流入流出的河流相连接，是一个有机物不易进出的湖泊。整年低温的湖水，非常不利于生物生长。基于这些因素，湖水产生异质物的可能性极低，保持了很高的透明度，那种透明度，在世界上也数一数二。

这就是阿寒，简单干净，没有过多的笔画。

美景盘点

摩周湖

摩周湖位于摩周山坡中段，被悬崖绝壁包围，湖面如镜，是日本透明度最高的湖泊，被称为“魔女之瞳”。湖面终年多雾，一切风景尽在笼罩之中，若隐若现，幽深宁静，恰如一幅山水画。湖的中央有一个小岛，叫卡姆伊休岛，是整个湖泊的重心所在，像放在镜面上的珍珠，被称为“摩周湖的酒窝”。

屈斜路湖

屈斜路湖的湖水中央有日本最大的湖中岛。屈斜路湖地热资源极其丰富，在湖岸的沙地往下随意一挖，就会有温热的泉水涌出，因此被称为“不可思议的湖”。到了冬天，湖面上会出现奇特的自然现象——湖面上冻结的冰层伴随着巨大的声音，膨胀碰撞，呈直线形隆起，日本人称其为“御佛渡”。

屈斜路湖里自由游弋的天鹅群

TIPS

①最佳游览时间：5—11 月。

②屈斜路湖附近有川汤温泉区，坐落着许多富有特色的温泉酒店。

关键词：清凉、壮美
国别：津巴布韦
位置：赞比亚和津巴布韦交界处的赞比西河中游
面积：23 平方千米

维多利亚瀑布国家公园

上帝遗落的白练

关于彩虹，有太多美丽的传说。若是天气晴朗，又总能看到彩虹，这将是多么美好的事情。于是，很多人跋山涉水，只为追寻这魂梦中萦绕不去的彩虹传说。而这美丽传说的创造者，就是维多利亚瀑布。

赞比西河以无法想象的磅礴之势翻腾怒吼，飞泻至嶙峋的陡峭深谷中，恢宏壮观

维多利亚瀑布，位于非洲赞比西河中游，津巴布韦与赞比亚的接壤处，是赞比亚的莫西奥图尼亚国家公园和津巴布韦的维多利亚瀑布国家公园的一部分。当宽广浩瀚的赞比西河携带着大片的水奔流前进时，被一条狭窄的峡谷拦腰截断，舒缓流动的河流从约 50 米的陡崖上跌入深邃的峡谷，而宽约 1700 米的河流也被硬生生地分割成若干个小段。有浪花溅起，离得老远便可见到，这就是非洲第一大瀑布——维多利亚瀑布。

在晴朗的日子里，日光穿透水汽，氤氲成七彩长虹，这一弯弯娇媚横跨在半空，共襄盛举，构筑成奢华无比的彩虹之城。平常很难见到的飞虹就这么毫不吝啬地挂在这里，惹得贪婪的游人恨不得采下一段据为己有。

看似是造物主不经意间划出的一道罕见天堑，5 道仪态万千的飞流到此来不及停步，便一一跌落，化身成一道道长长的白练，以及数十千米外就可听闻的那一片涧声轰鸣。其中，气势最盛的是魔鬼瀑布，河水排山倒海直落深渊，如雷的咆哮震耳欲聋，使人不敢靠近；流量最大的是主瀑布，它的位置居中，落差达百米，当水流直泻而下时，撞击出无数水花，再被零落击碎后流向远方；居于东侧的是马蹄瀑布，这里岩石嶙峋，竟将飞流切割出马蹄状，这般鬼斧神工，令人不由得发出一阵阵惊叹；最引人注目的是巨帘一般的彩虹瀑布，无论是白日的金光四射还是夜晚的月凉如水，它都会满足每一个远道而来的人。特别是晚上，月光皎洁，站在对岸观望，在朦胧中，那溅起的水雾蒸腾出月虹，仿佛传说中的仙境鹊桥；最东边是东瀑布，名字虽平淡无奇，但若是在雨水丰沛的夏季光临此地，那道“银河落地”绝对让

◘ 广阔的赞比西河突然从陡崖上跌入深邃的峡谷，声如雷鸣，奔腾而去

你惊奇。

在展示了各自的风采之后，“五兄妹”便携手跳入仅400米宽的深潭，溅起的水雾飞腾在几百米的高空，从远处看去，像是一大锅沸腾的开水，所以人们又把这里称为“沸腾锅”。在“沸腾锅”上，有一座长约200米的跨谷大桥，立于桥上，脚下旋涡肆意旋转，瀑布的全貌也尽收眼底。

看，这就是用英国女王的名字命名的维多利亚瀑布。洪流在此激荡，心情也随之放宽，当奔流浩浩荡荡而去，那传唱许久的高亢交响乐早已定格在回忆中，盘桓不去。

美景盘点

魔鬼池

处于110米高的维多利亚瀑布的顶部，它是个天然形成的岩石水池。在魔鬼池游泳，全世界各地的探险者纷纷来此体会濒临死亡的感觉。8—12月的旱季，水量减少并趋于平静，是去魔鬼池的最佳时机。

魔鬼瀑布

魔鬼瀑布为维多利亚瀑布群的五大瀑布之一，宽阔的河水滔滔而来，倾泻而下，轰隆声惊天动地，使人不敢靠近。深谷水雾升腾，站在40千米外依然能看到那摄人心魄的景象。

彩虹瀑布

是最受游客欢迎的瀑布，位于马蹄瀑布的东边。它如巨帘一般，空气中的水点折射阳光，彩虹瀑布即因时常可以从中看到彩虹而得名，七色光在蓝天、白云和瀑布水雾的映衬下格外壮美。

TIPS

❶避免穿深蓝色和黑色的衣服，因为这两种颜色会引来蚊虫叮咬。

❷清晨和夜晚天气较凉，最好携带一件夹克衫或是毛衣。

❸在这里，你可以品尝到世界各地的美食，精酿淡啤酒、优质乳酪是当地饮食中的特色。

❹当地气候炎热潮湿，卫生条件差，容易引发疟疾，且药品贵，应携带一些药品。

关键词：秀美、清凉
国别：加拿大
位置：阿尔伯塔省西南落基山脉东麓
面积：6641 平方千米

班夫国家公园

湖光山色与冰雪魅影

班夫国家公园奇峰秀水，如诗如画，堪称北美大陆之冠。

梦莲湖，湖面呈宝石蓝色，晶莹剔透，在锯齿状山谷的环抱下，就像一块宝玉

班夫国家公园是加拿大第一个国家公园，也是北美洲第二个国家公园，它建于 1885 年。公园内，冰河、冰峰、冰川湖、冰原和高山草原、温泉等景观汇聚一堂。

作为加拿大最早建立的国家公园，班夫公园很好地保存了前寒武纪和侏罗纪期间的地质风貌，这里有明显的冰川侵蚀的特点，形成幽深的 U 形峡谷、陡峭的山顶和许多悬谷瀑布。同时，它的位置独特，连接着周边多个景点。公园内的冰原公路从路易斯湖开始，一直连接到北部的贾斯珀国家公园，西面则是省级森林和幽鹤国家公园，南面与库特尼国家公园毗邻，著名的加拿大风情小镇卡纳纳斯基斯镇就像一颗明珠，镶嵌在公园的东南方。

班夫国家公园拥有完善的生态保护系统，人与自然有着最和谐的相处模式。在这里，随处可见在路边觅食的麋鹿、小松鼠、山羊等野生动物，而长耳鹿和白尾鹿在公园的山谷中也很常见。据统计，班夫国家公园共有 56 种哺乳动物和至少 280 种鸟类，每年它们都与小镇上的居民、游客共同度过炎炎夏日。

到了冬季，这里则成为滑雪爱好者的度假胜地。这里有三个世界级的滑雪场，宽阔的滑道、良好的各种服务和配套设施、厚厚的雪层，两岸茂密的森林。滑雪板冲开积雪，

各色鲜花映衬下的雪山美丽妖娆

雪花飞溅，伴着人们的呼叫声，大自然的美丽风光迅速铺展在眼前，美得令人炫目。

在班夫国家公园，尽情地拥抱自然，一串串如珍珠般碧透的湖泊，广袤无垠的荒原和风情万种的小镇……瑰丽的美景吸引着无数摄影师们的眼光。难怪《孤独星球》(*Lonely Planet*) 旅游丛书这样称赞班夫国家公园的无敌美景："到处都是山，高山。湍急的河流在山丘之间蜿蜒穿行。壮观的冰川水流从山顶倾泻而出，几乎要溢到路上。如绿松石一般的湖水是如此清澈，令人不禁怀疑这种色调背后是否有着超乎自然的元素。"如此美景，怎能错过？

瀑布飞流而下，似粒粒水晶，晶莹剔透

◘ 班夫镇被群山环抱，风景优美，仿佛是远离世俗的乌托邦

美景盘点

班夫镇

加拿大落基山脉中最受欢迎的观光点，被誉为“落基山脉的灵魂”。它坐落在班夫国家公园中心，位于卡尔加里以东约 130 千米处，周围高山、绿水环绕，有多处天然美景。

弓河瀑布

位于班夫温泉酒店下方，弓河冲刷着受到侵蚀的石灰石岩层，并从此处倾泻而下，形成了咆哮的瀑布，该瀑布是公园内不容错过的景点之一。

路易斯湖

位于茂密森林的深处，以维多利亚山为屏障，宛如镶嵌在落基山脉中的一位美人。路易斯湖源自维多利亚冰川，湖水碧绿清澈，冰冷无比。每年 11 月至次年 6 月期间，湖面结冰，一片雪白，与维多利亚山冰雪浑然一体，是一个风景优美的滑冰场。

梦莲湖

坐落在著名的十峰谷中，由冰川融水形成，湖面呈宝石蓝色，晶莹剔透，湖底则积满了富含矿物质的碎石。梦莲湖景色迷人，被世界公认为是最有拍照价值的湖泊。

弓谷公园大道

将路易斯湖与班夫各城镇串联在一起的特色景点，大道两旁景色迷人，沿途到处都是横穿田野的滑雪道和绝佳的野餐场所。同时，在这条大道沿途，还可以看到很多著名景点以及野生动物。

TIPS

❶最佳游览时间：夏季、冬季。
❷ 公园免费开放。
❸ 海鲜和艾伯塔大草原的特级牛肉味道鲜美，不论做成哪种菜品，都值得尝试。

关键词：海鲜、精致多变
国别：中国
位置：台湾恒春半岛
面积：332.69 平方千米

垦丁国家公园

台湾岛的“天涯海角”

当走到悬崖边，站在至高点俯瞰太平洋的那一刻，就像是电影，甚至比电影还要精彩。

据说清同治时期，从内地来了一批壮丁，到这个中国南部的地方——台湾开垦耕种，后来，为纪念这些筚路蓝缕、以启山林的开垦壮丁，而将此地名为“垦丁”。而垦丁这个名字被人们熟识，可能要归功于电影《海角七号》和偶像剧《我在垦丁天气晴》，这两部影视作品让垦丁美得深入人心。

垦丁国家公园位于中国台湾最南端的恒春半岛上，所以被称为台湾的“天涯海角”。北依山峦，三面环海，地质以珊瑚礁为主，是台湾岛内唯一同时涵盖陆地与海域的国家公园，也是台湾岛内唯一的热带区域。半岛上有两个著名的岬角，东边的叫鹅銮鼻，西边的叫猫鼻头，它们造就了垦丁国家公园的两个主要景观：鹅銮鼻公园和猫鼻头公园。

先来说说“鹅銮鼻”这个名字的来历，附近的海中有一块形似帆船的“帆船石”，所以这个地方取名“帆船”，而这里的原住民是高山族的排湾人，用排湾语说即为鹅銮。又因这里的地形凸出，像个鼻子，故得名鹅銮鼻。鹅銮鼻灯塔建成于 1883 年，已有百余年的历史，是鹅銮鼻公园的标志。白天登

站在鹅銮鼻灯塔上，可以看到台湾岛南端起伏的低矮丘陵和平坦的台地，饱览天海一角与珊瑚礁林的秀丽景色

碧海蓝天下，踩在绵软的白沙滩上，生活又多了几分惬意

上灯塔顶端，极目远眺，碧波万顷，海天一色，偶见鲸鱼戏水。这里四季如春，旖旎多彩。

看完鹅銮鼻，再来看看猫鼻头，说来凑巧，因沿岸旁一块凸出的珊瑚礁岩，其外形如蹲坐的猫，这里才得名猫鼻头。猫鼻头有裙礁海岸之称，是因为珊瑚礁海岸的侵蚀地形，远远望去，像夏日里女孩的百褶裙。长时间的波浪侵蚀造就了当地鬼斧神工的自然地形，使得这里自然成为看海观石的好去处。有一块凸出于海边的悬崖，是眺望台，上面视野辽阔，远眺茫茫大海，聆听万里涛声，顿觉心旷神怡，乐而忘返。

除此之外，垦丁国家公园还有龙坑、砂岛、佳乐水等早已名闻遐迩的美景。数不尽的小吃，看不够的美景，就这样静静地躺在沙滩上，看着海水拍打着海岸，听着不断在耳畔冲刷的海涛声，便已足够。

站在礁石边垂钓，有一种天地在我心的情怀

美景盘点

鹅銮鼻灯塔

在 19 世纪中期，各国船只途经鹅銮鼻近海时经常触礁翻覆。清廷迫于压力，在 1883 年完成鹅銮鼻灯塔，是当时世界上唯一的武装灯塔。灯塔几经周折，于 1898 年甲午战争后被清军焚毁，重建后在第二次世界大战时被美军炸毁，再重建后流传至今。塔身全白，高 24.1 米，为白铁制圆柱形，是目前台湾光力最强的灯塔，被称为“东亚之光”。

白沙湾

白沙湾一带原是一个小渔港，称为白沙港。这里拥有一段长达百米的沙滩，故因沙白水清而闻名。白沙湾风平浪静，备受水上运动爱好者青睐，在陆上可以烤肉、露营或骑车健行等，这里绝对是享受与大自然海湾共舞的最佳地带。

TIPS

❶夏天来此建议做好防晒措施，推荐穿舒适透气的长袖长裤，既可以防晒，也可以防蚊。

❷垦丁音乐节，有时在鹅銮鼻公园举行，有时在猫鼻头公园举行，购买好门票的游客可事先查好举办地。

❸在寒暑假期间前往一定要先预订房间，以防客满。

通往灯塔的木板路，为公园增添了不少乐趣

关键词：清新、迷人
国别：芬兰
位置：库萨莫市
面积：270 平方千米

奥兰卡国家公园

在“棕熊环”上呼吸芬兰味

走在奥兰卡国家公园，丰饶的景象令人震惊，对于北极圈以南仅仅几千米的地域来说，它的生物多样性实在是非同凡响。

急流在河中冲激出嶙峋怪石，气势非凡

还在纠结该去徒步远足还是水上漂流？去芬兰的奥兰卡国家公园绝对是个两全其美的办法。在长达 80 多千米的著名远足路线“棕熊环”上漫步，呼吸着清新空气，周围青山绿水的迷人风光尽收眼底。散步时，还能向溪谷中惬意地划行独木舟或是在奔腾激流中尖叫着漂流而下的同伴挥挥手、打声招呼。回到营地后，烧火架锅用沿路采摘来的蘑菇熬一锅野味汤。恐怕这时候唯一想感叹的，就是假期不够用了……

冰雪覆盖的小木屋

奥兰卡国家公园成立于1956年，这座公园相对来说还很年轻。第二次世界大战时期的艰苦战斗还没完全被时间冲淡，历史的伤疤在公园内河岸高处的机枪台凝固。奥兰卡河自西向东贯穿园中，静默蜿蜒的河水一直不停地流向俄罗斯边境，延伸进曾经属于芬兰领土的俄罗斯帕纳耶尔维国家公园，将这两个恩怨纠葛的国家连成一线。多年来，奥兰卡国家公园与帕纳耶尔维国家公园都在寻求将两园合二为一的方法，让游人有一天能乘着独木舟，在两国边境处惬意往返，欣赏完整丰富的地质形态和生物群落。

芬兰东面最为壮丽的山川地带当数库萨莫，而奥兰卡国家公园就处在这片地带的北部，连绵起伏的丘陵、险峻幽僻的溪谷、充斥着危险的泥潭沼泽和青葱辽阔的草原，无一不形象地诠释着“壮丽”“迷人”这些赞美词。

奥兰卡公园内的河流变化万千，就算是同为激荡的急流，也因地势不同展现出不同风采，较平缓地带的水流在河中冲击出嶙峋怪石，从落差悬殊的山地上倾泻而下的急流，甚至能形成高达9米的壮观瀑布。奥兰卡河经久不衰的冲刷形成了深渊沟壑，险峻峡谷间飞鸟从上空飞过，嘹亮的鸣叫声回荡其中。从奥兰卡河和基达河上的吊桥往下看，如万马奔腾的激流气势惊人，正常来说并不可能同时出现的动物在山岭间奔窜追逐……喜爱水上运动的游人，既可以享受让人尖叫到声音沙哑的刺激漂流，也可以乘着独木舟，在鸟语花香的微风中闭上眼，享受静谧时光。

当然，奥兰卡国家公园的独特并不仅在

于那些山水，它所拥有的奇异地理环境也是世间少有。在年代久远的花岗岩和片麻岩之上，是一片处于早期阶段的石灰岩层，正是这片石灰岩层的主要成分碳酸盐的中和作用抑制了酸性土壤的形成，为土地的丰饶添加了必需的营养成分，因此奥兰卡才有了与芬兰其他地方绝不雷同的多样性生物形态。挺拔如长矛的年轻欧洲赤松树、枝叶在头顶招摇的苍郁老树、秀美纤细的云杉等树种，以及长满欧石楠、越橘、岩高兰和苔藓的丛林，勾画出繁盛森林。

每到秋冬季节，游人可以在夜晚的10点到凌晨2点之间，观赏到奇妙的极光景象。绿色、白色、黄色、蓝色、紫色相互调配出变幻莫测的艳丽色彩，随机变化成弧状、带状、放射状等曼妙形态。关于极光有很多种传说，有些人认为那是狐狸在雪地奔跑时尾巴上的火焰，有些人认为那是代表救赎的鬼神引领死者灵魂上天堂的火炬……

在奥兰卡国家公园，轻易就能体验到异域风情，仿佛是跨越了空间，奥兰卡的一亩土地，就是整个世界。

□ 奥兰卡河和基达河上的惊险吊桥，从高处可俯看如万马奔腾的激流

美景盘点

“棕熊环”

长达80多千米的远足路线“棕熊环”，沿路的风景让人流连忘返，在光影里摇曳斑驳的绿枝新条仿佛能扫拂到灵魂深处。

TIPS

❶最佳游览时间：11月至次年3月。

❷“棕熊环”远足路线深受远足爱好者的喜欢。

❸熏三文鱼、驯鹿肉、琼脂浆果都是不容错过的美食。

关键词：魅力、古老
国别：西班牙
位置：安达卢西亚西部
面积：500平方千米

多纳纳国家公园

上帝遗留的画作

犹如印象派画作的湿地，是上帝留给人类的惊喜之作。

埃尔罗西欧小镇，街道地面都是由细沙铺成，感觉仿佛进入了一个沙漠之城

这里有一个美丽的传说。貌美的麦迪纳西罗尼亚公爵夫人在西班牙多纳纳的森林中迷失了方向，因为等不到白马王子的解救，在林中着急得痛哭起来。公爵夫人非常伤心，眼泪倾洒之地形成了一片美丽的三角洲，这片三角洲上建立起来的保护区被称为“多纳纳自然保护区”。多纳纳国家公园倚靠着大西洋，轻抚过瓜达尔基维尔河，是欧洲最大的湿地保护区。如果说地中海似百变的少女，那么直布罗陀海峡是她的脖颈，安达卢西亚则是少女佩戴的项链坠，闪亮、耀眼、迷人。

从曾经的皇家狩猎保护区到今天的国家公园，700多年的历史使这里更加迷人。最初这里的主人是女公爵阿尔凡，后来成了菲利普四世、菲利普五世和阿方索十三世三位国王最喜欢的狩猎地，他们在多纳纳修建了漂亮的宫殿作为狩猎度假的住所，并规定禁止外人随意进入园区狩猎，这样的规定对保护这片湿地也起到了巨大作用。

全长657千米的瓜达尔基维尔河发源自西班牙的卡索尔山脉，流经安达卢西亚自治区境内的两大城市，如果把河流从发源地到入海口看成一个完整的生命，那么多纳纳一定是瓜达尔基维尔河倾注一生为世人准备的最昂贵的礼物。或许，瓜达尔基维尔河就是美丽的公爵夫人。多纳纳国家公园就像瓜达尔基维尔河与大西洋的女儿，这里独特的环礁湖、沼泽地、沙丘、泥泞葱郁的灌木丛和草地，不仅为世人留下美丽的风景，也为鸟类留下了产卵和过冬的地方。历经变迁，鸟类依旧自由地嬉戏，把这里作为最舒适的栖

西班牙安达卢西亚的一角

息地。每年冬天，在多纳纳772.6平方千米的范围内，栖息着50余万只候鸟，记录在册的鸟类有365种，其中不乏极其珍稀、濒临灭绝的鸟类。

冬季，是多纳纳国家公园游客最多的季节，它像国际巨星一样被来自世界各地的人们追捧。多纳纳修建了木制的道路，小路跨过沙丘、穿过树林，游客可以入湿地近距离观察各种鸟类，但鸟类都非常怕人，轻微的动作就可能使它们受到惊吓而匆匆飞走。一簇一簇的灌木丛中，常常跑出小兔子、野鼠等小动物，在草地上寻找食物。白天在树林中最有意思的事就是看到睡觉的猞猁，只见它懒洋洋地趴在树干上，沉沉地睡着，有时还晃一晃长着白色绒毛的耳朵，就像一个正在做梦的孩子。每当走过灌木丛，迷迭香、万里香的淡淡香味扑鼻而来，植物自然的气息，若隐若现的独特味道，总能沁人心脾。走过沼泽，在不远的地方就能看到几只鸟在水中寻找小鱼。

在公园内干净舒心的酒店里，从巨大的落地窗就能看到不远处的湖泊。悠闲地躺在躺椅上，看西班牙的落日缓缓而下，品一口当地著名的雪利酒——装在瓶子里的快乐，让人更能体会这份西班牙式的浪漫。

美景盘点

白肩雕

白肩雕是一种非常罕见的候鸟，全世界仅存125对，其中有15对就定居在多纳纳国家公园。它们体形巨大，一身深褐色富有光泽的羽毛，而肩上几根白色的羽毛尤其显眼。别看它们平时待在高处一动不动，一旦发现猎物，就会突然飞起捕捉，动作迅猛。它们在巨大的天幕中翱翔、盘旋，俯视着色彩多样的多纳纳。白肩雕总是雌雄成对出现，一对白肩雕可以白头偕老，即使在繁殖期，它们也不会离开彼此，而是共同承担抚养小雕的责任。

TIPS

❶最佳游览时间：12月至次年3月。
❷ 冬季是观鸟的最佳时节。
❸ 安达卢西亚特色的方形比萨、著名的雪利酒、各种加的斯湾海鲜都是不容错过的美食。

关键词：浪漫、温婉
国别：泰国
位置：普吉岛东南
面积：388 平方千米

皮皮岛国家公园

浪漫的情调

来到海水湛蓝、阳光明媚的皮皮岛，一定要去探索一下它美丽的海底世界。

青褐色的礁石为这平静的海岛增加了不一样的神秘感

这是一个深受阳光眷宠的地方，柔软洁白的沙滩，宁静碧蓝的海水，鬼斧神工的天然洞穴，未受污染的自然风貌，使得它从普吉岛周围的 30 余个离岛中脱颖而出，成为近年来炙手可热的旅游度假胜地之一，它就是泰国的皮皮岛国家公园。

皮皮岛国家公园是群岛国家公园，由大皮皮岛和小皮皮岛、周围四个小岛屿和周边海域组成。北部的大皮皮岛像一个铃铛，铃铛中间是两个呈半月形交汇的海湾，两头是绿荫覆盖的小山丘，这里的一切都带着浪漫的情调。

距大皮皮岛南端约2千米的小皮皮岛地势险要。岛的四周矗立着悬崖陡壁，岛上有个叫作维京洞穴的巨大的石灰岩洞穴，洞内倒挂着美丽的钟乳石。因洞内栖息着很多海燕，盛产燕窝，所以也被称为“燕窝洞”。在附近的海面上，你有可能看到工人攀着岩壁采集燕窝的艰辛工作场面。洞壁刻有大象、船只和史前人类的壁画，尤其是各种船只的壁画特别丰富，包括来自欧洲、阿拉伯、中国等各地的多种古船和较先进的蒸汽轮船，可以窥见当年这一带水道的繁华。而正因为这里商船来往频繁，滋生了海盗的猖狂。相传，这些石灰岩洞穴曾是在印度洋安达曼海域横行的海盗们的窝点，因此它们又被称为“海盗洞”。

因为拥有天生丽质的海滩海湾，皮皮岛吸引了众多向往海岛风情的游客。拥有细白沙滩的通赛湾是岛上最繁华的地方；背靠通赛湾的罗达拉木湾是泰国著名的潜水区；同样适合潜水的蓝通海滩是休闲胜地。躺在沙滩上享受阳光浴，或是潜入海底，不论是浮潜还是深潜，都会被那水底美妙梦幻的世界所吸引。此外，皮皮岛附近还有一个深达30米的沉船潜点，可以看到当年在此处沉没的船体。又或是攀登到岛上的瞭望台，尽情地俯瞰皮皮岛的旖旎风光，都是浪漫的体验。

喜欢宁静的人一定会喜欢皮皮岛，在这里待几天，一定会感受到人生的美好。如果是短暂、匆忙的一日游，虽然也可以欣赏皮皮岛的美景，可是很难彻底领略它的浪漫风情，因为这里更适合从容地居住和细心地体味。千万别吝啬你的假期，带上一本好书和一份好心情，出发吧！

美景盘点

玛雅湾

作为皮皮岛众多海滩海湾中十分独特的一个，是电影《海滩》的拍摄地，它位于小皮皮岛的西南部，被上百米高的绝壁环绕，三面环山，只有一个狭窄的出海口，这使得玛雅湾的地貌十分壮观。岸边有美丽的椰树，白皑的沙滩，湛蓝的海水。潜水的游客最好穿上软底拖鞋，以免脚部被沙滩上的一些珊瑚和贝壳划伤。

柔软洁白的沙滩，透亮碧蓝的海水，足以让人为它着迷

TIPS

❶喜欢安静和自然的游客可以选择大皮皮岛东岸的几个酒店，掩映在绿树丛中的小茅屋与自然结合得相当完美，但价格较高。

❷最佳游览时间：11月至次年4月。

❸商业区位于大皮皮岛西海岸的中部，商铺林立、热闹非凡，能为游客提供所需的各种服务。

❹当地人口味有点儿偏辣，如果不能吃辣，需在点菜时直接告诉服务生。

关键词：自然、纯净
国别：加拿大
位置：安大略省南端
面积：15 平方千米

霹雳角国家公园

加拿大的“天涯海角”

这里远离尘世喧嚣，宛如安静唯美的世外仙境。

阳光下悠闲的乌龟

在加拿大版图的最南端，霹雳角就像一把利剑，刺入伊利湖的中心。霹雳角国家公园被称为加拿大的“天涯海角”。这片沙滩在蓝天和湖水的怀抱中透着纯粹的自然气息。站在霹雳角上，一眼望不见伊利湖的边际，只见湖面波光粼粼，深蓝涌动。霹雳角的尖角处有清、浊两股水浪交融，形成“泾渭分明”之势，那是伊利湖内的暗流水文循环所造成的。

公园虽然面积不大，但“麻雀虽小，五脏俱全”。森林、沼泽、沙滩应有尽有，除了鸟类，还为许多野生兽类提供安身立命

绵软的沙滩上布满了游人的脚印

之所。松鼠、浣熊、黄鼬、貂、蛇等动物在园内尽情驰骋，过着安逸富足的生活。

如果你是观鸟爱好者，那一定不要错过5月份的霹雳角。北徙的候鸟从墨西哥湾迁徙到五大湖地区时，霹雳角提供了很好的停驻地，由于极度疲惫，也由于这个半岛优越的自然条件，候鸟们会在此停留、休憩后继续北飞。加拿大一年一度的鸟节于每年5月在霹雳角举行。

绝佳的地理环境、湿润温和的气候、肥沃的土壤以及湖畔的沙丘，为鸟儿们留下了一片极乐之地。灌木郁郁葱葱，是藏匿白头翁的好地方。这些活泼可爱的鸟儿可是典型的杂食性动物，捕食时，它们会在矮树篱或灌木丛的最高处静静地守望，当有昆虫飞过时，就会一跃而起，在空中将昆虫擒获，然后回到它栖息的树上大声鸣叫，似乎是为得到的美味而沾沾自喜。公园内，还有一种总是聒噪不止的长尾巴鸟儿——红眼雀。它们流窜在丛林中四处觅食。红眼雀的身体两侧泛着铁锈色，它们有着饱满的羽翼，看起来敦实可爱。“林中歌唱家”——黄莺的鸣声圆润嘹亮，富有韵律，悦耳动听。

缓缓向公园东侧走去，突然间，成片的芦苇铺天盖地地蔓延开来，吐出新芽的柳树摇曳身姿，坠入水中，倒映着盎然的绿意。

□ 在树枝上休憩的巴尔的摩金黄鹂鸟

茂密的芦苇被微风拂过，凸显出那三三两两泛游的独木舟。塘水开阔的水域，荷叶浮萍斑斑点点，蝴蝶翩然，飞鸟盘旋，时不时地在水面泛起涟漪。这里就是位于东岸腹地著名的大沼泽了。远远地，木板搭就的林中步道顺着一带河水向远方延伸而去，仿佛是绵长的海岸线，定格了岁月的弧度……

撑一叶扁舟，游荡水中，置身芦苇，轻嗅白荷，你已成诗画。

美景盘点

沙滩

公园拥有一片美丽的沙滩，是埃塞克斯郡最长的连续自然海滩。在这里，游客可以在指定的区域游泳，孩子可以玩堆砌城堡的游戏。西北海滩和西海滩服务设施非常齐全，还有专门的野餐设施方便游客使用。

TIPS

❶最佳游览时间：5—9月。
❷当地住宿地较多，不需提前预订。
❸Coffee Exchange是一家很棒的咖啡馆，一杯咖啡、一份三明治或是硬面包是不错的早餐。
❹用烧木头的炉火烤制的比萨饼，口味独特，值得品尝。
❺想要品尝地道、可口的意大利面，Spago Ristorante Italiano是不错的选择。

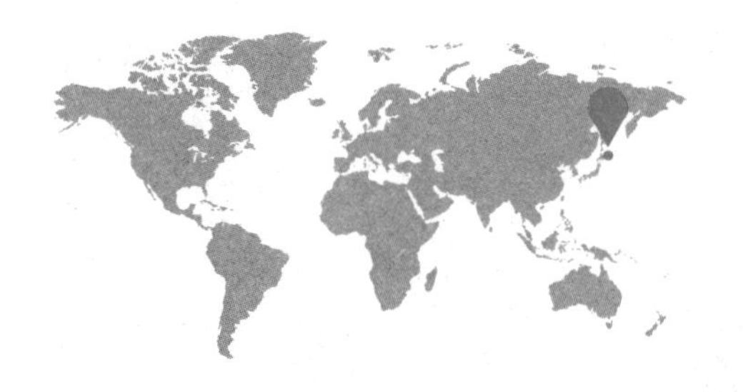

关键词：广阔、优雅
国别：日本
位置：北海道东部钏路市
面积：193 平方千米

钏路湿原国立公园

丹顶鹤的栖息地

绝对广阔的湿原，蜿蜒不息的河川，再加上罕见的人工建筑，这片几乎未经加工的自然湿原，有着太多无可比拟的魅力。

冬季的钏路湿原积雪侵占河面，白蓝相称，宛若仙境

北海道东部有一座城市叫钏路，钏路的北面，有个美丽的湿原，叫钏路湿原。大约在 2 万年以前，随着冰河时期的结束，融化的海水将大地覆盖在水面之下，之后因海水退去，土沙及泥炭逐渐堆积而慢慢形成了一片广袤的湿地，也就是现在的钏路湿原。在日本所有的湿原中，它的面积远远超过其他而处于首位。

“去日不可再，无如之奈。随风而去，只影相伴。钏路湿原，一望无垠，云湖雾川，何去何从。相隔路漫漫，方寸已乱，星光璀璨照我还……”这是红遍日本的《钏路湿原》。

不管是葱葱郁郁的密林、色彩艳丽的野花，还是生机勃勃的飞禽走兽，抑或是古老而怀旧的蒸汽火车，都为钏路湿原披上了迷人的面纱。如今，这块深藏在日本北海道的最大最美的湿地已经整装以待，迎接着世人的到来。

“天上有多少云朵，钏路湿原就有多少湖泊。”钏路湿原的湖泊犹如天上的云朵般数不胜数，湖水清澈见底，折射着耀眼的光辉。而湿原里的河流像毛细血管一般细密众多，联系着各个湖泊，再配上广袤的丛林，让这里成为一个生机勃勃的世界。同时，广阔的湿原也是哺育众多生物的地方。湿地内生息着包括北海道鹿、白尾雕等在内的2000 种动植物，一年四季都散发着绚丽的色彩。夏天，各种野花竞相开放，争奇斗艳，在碧水的衬托下，美不胜收；冬天到处都是白茫茫的一片，洁白无瑕，晶莹剔透，散发着别样的光彩，不仅是观雪的好地方，也是丹顶鹤的过冬之地。

在中国，丹顶鹤是“仙鹤”；在湿原，它们是“湿地之神”。它们体态优雅，步伐矫健，时常展开双翅，翩翩起舞。丹顶鹤最美的舞姿还是属于天空，相对于枝头红色果子的静谧，鹤群飞翔时头顶的那点点朱红，仿佛闪烁的红色星星。它们变换着身姿，光影交错，看得人眼花缭乱。最后，它们栖落在水泊里，闲庭信步……此情此景，美丽动人。

当你漫步于森林之中，感受着吹拂而来的森林气息之时，或许还能与虾夷鹿邂逅。它们四肢细长，尾短，角比一般鹿要长，毛色棕黄，生性好动，忽然间蹿上蹿下是常有的事。如果你看到头大，嘴厚，长约 1 米的大鸟，那多半是白尾雕，它们全身主要为棕色，以多种鱼类和鸟类为食。有时候，陆地上飞奔的野兔也会成为它们的猎物。湿原良好的环境，使得濒临灭绝的动物们得以生存。

对于喜欢怀旧的人来说，乘着老式的蒸汽火车游览湿原绝对是一种享受。听着火车驶过铁轨发出的“咔嚓咔嚓”声，感受着车厢内极具湿原特色的布景，闻着烤炉里散发出的香味，窗外美丽的景致缓缓掠过，任由

蜿蜒的河流冲刷着冰层，缓缓流过

◘ 钏路湿原的象征——丹顶鹤

带着植物和泥土芬芳的风拂过面颊……时空已错乱，你是否在祈求上帝留住时间？

美景盘点

瞭望台

是一个可以让你大饱眼福的地方。面前蜿蜒的小路穿梭在崇山峻岭当中，路边鲜艳的野花，或许一下叫不出名字，但美丽得足以让你喜悦。偶尔一两只鸟儿飞过，匆匆掠过的身影，也着实让人觉得可爱。远处巍峨起伏的群山层层叠叠，大自然的鬼斧神工实在是无法用言语表达。瞭望台上还有名为“探胜路”的散步路，方便游人在湿原上漫步，同时，此地也是能更清楚观察丹顶鹤的宝地。

TIPS

❶位于阿寒湖畔的鹤雅温泉饭店环境优雅，是当地“住客满意度”最高的饭店。

❷ 炉端烧、北海道寿司是当地的特色美食。

❸ 每年 10 月至次年 3 月是观赏丹顶鹤的最佳时间。

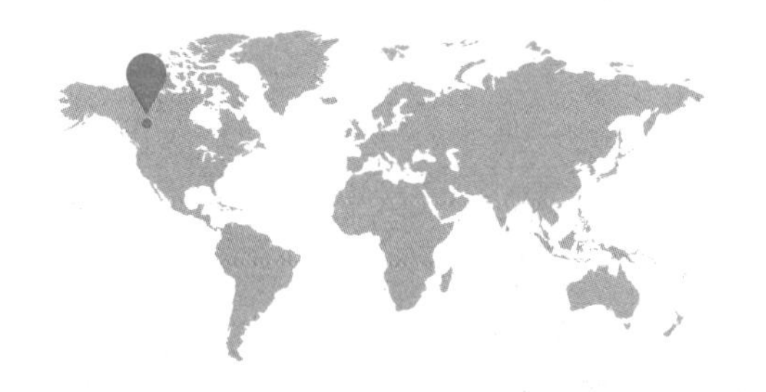

关键词：生态、古远
国别：加拿大
位置：艾伯塔省
面积：194 平方千米

麋鹿岛国家公园

野牛的家园

未见时你也许内心忐忑，怀疑这里的景色，但见过后，一定会恋恋不舍。

健硕的北美野牛

加拿大艾伯塔省首屈一指的景点当属麋鹿岛国家公园了，也称其为野牛公园。公园前身是建立于 1906 年的麋鹿岛公园，公园建立最初的目的是保护麋鹿，而现在公园里最出名的动物莫过于北美野牛了。

在北方的草原上生活着平原野牛，在南方的森林里则栖息着森林野牛。麋鹿岛国家公园内典型的高原草原和北方树林满足了它们。数世纪以来，野牛肉都是北美土著居民餐桌上不可或缺的食物。到了 20 世纪，因过度捕猎和栖息地被农业发展所占用，北美野牛已濒临灭绝，其数量一度只剩下不到 200 头。如今，因为野牛的引进计划，公园里的开放区域经常可以看见这些体格庞大的家伙。此外，麋鹿群也在这里兴旺繁盛起来。

不光是北美野牛和麋鹿，鸟儿也把这里当成乐园，250 多种鸟类让这里随时都有莺歌燕舞。它们生活在森林和草地，其中的阿斯托廷湖附近更是聚集了大批的鸟类。而大多数观鸟者都是为看喇叭天鹅而来，它们羽色洁白，体态优美，叫声动人，是纯洁、高贵的象征。来到公园，就能看到它们优雅的身影。

麋鹿岛国家公园是一座天然的“岛屿”，它的周围被壮美的自然景观环绕。一望无际的草原、郁郁葱葱的森林，以及连绵起伏的群山，令人叹为观止的景致吸引了无数游人来此观光游览。这里随处可见成群的野牛、驼鹿和麋鹿在悠闲地漫步和觅食。不论是一次亲近自然的旅行，还是家庭周末休闲活动，都能够得到意想不到的收获。

公园全年全天开放，你可以在不同的季节欣赏到不同的自然美景。公园开辟了数十条徒步旅行步道，2~16 千米不等，可以

美景环绕下自由奔跑的野生动物

沿着这些步道攀登，也可以在指定的区域野餐、露营。有一条步行小道是专门供游人行走看野牛的，在这条小路上可以更容易看到野牛家庭集体觅食。到了冬天，麋鹿岛公园就会变得更有魅力。这里银装素裹，晶莹的冰挂布满了树林，地上则铺满了皑皑白雪。这里是滑雪爱好者的天堂，每年都有很多游客前来滑雪。越野式滑雪、雪橇滑雪……各种玩法层出不穷。

夕阳下的湖泊

公园里鸟语花香，溪流潺潺，风光自然，还等什么，带上装备出发吧。

美景盘点

北美野牛

作为北美最大的哺乳动物，北美野牛生性彪悍，其体格健硕，有的甚至重达 1 吨。它们的肩膀厚实而宽大，如同小山丘一般，头上顶着两只尖锐的角，身披深栗色的毛发，看上去非常威武。但由于价值高而遭到大量捕杀，后经保护得以繁衍。麋鹿岛国家公园有 400 多头北美野牛，但是观赏它们的时候要小心，因为这种动物比较凶猛。

TIPS

❶最佳游览时间：夏季。
❷ 游客中心位于公园南门附近，5 月中旬至 9 月中旬开放，游客可以在这里了解到各种有用的信息。

关键词：风情、文化

国别：瑞典

位置：斯德哥尔摩高登岛

面积：0.3 平方千米

斯堪森公园

浓缩的中世纪风情

穿越时光，打开中世纪的回忆，获得浪漫的救赎。

瑞典传统风格建筑

时光如白驹过隙，转眼即逝，总有人感叹留不住时间、留不住过去，可是瑞典的斯堪森公园却浓缩着中世纪风情。在昔日的皇家猎苑——高登岛上，这是斯德哥尔摩最漂亮的小岛之一，斯堪森公园是一个记忆之所，游走其间，便是一场关于过去的浪漫之旅……

走进斯堪森公园，仿佛穿越了时空，走进了瑞典的历史。不同于现世的高楼林立，鳞次栉比，随处可见中世纪的古旧建筑，淳朴民居。信步走在羊肠小道之上，便是极具特色的北部地区拉普族的圆锥形木屋。这种全木结构的小屋，给人一种童话般的错觉，那站在屋外向游人微笑招手的拉普族美丽

传统的鸡脚屋

少女，更是让人犹如步入梦境一般。这种小屋名叫鸡脚屋，在遥远的过往时代，拉普人用这种鸡脚屋来熏肉、熏鱼，以便储备足够的食物，来度过北欧地区冰天雪地的漫漫寒冬。

公园里自然也少不了瑞典其他地区的风情元素。比如农家房舍、铁匠屋，还有独具特色的两层楼的禁酒会堂，充满着瑞典东部地区特有的温婉气息。一种四周由数幢房子围合而成的农家庭院，则有点类似于中国的四合院，是瑞典南部地区的代表性建筑。这些建筑各自成圈，展示着当年属于它们的别样风貌。在各种建筑中间，点缀着的两座钟楼、三座风车和一些木结构的谷仓，极具情趣地为整个布局增添了不少古典特色。有了古典韵味，便少不了浪漫的色彩。

在瑞典，最爱斯堪森公园的莫过于孩子们了。因为这里有着他们喜爱的小动物，还有专为孩子们开设的供戏剧和音乐会演出的露天剧院。公园很大，可以让孩子到处游玩，还有很多的餐馆，假日的时候还为孩子们专设了骑马项目、旋转木马和其他一系列活动。

在这里，动物们同样各得其所。成群的松鼠在供游客参观、游憩的园子间跑来跑去；孩子们可以爬到猪的背上，将它当作坐骑，悠闲地游荡；骄傲的孔雀摆出一副女王的样子，在自己的领地悠闲地徘徊，啄食着面包屑；麋鹿是瑞典本土最大的哺乳动物，非常谦逊、低调，与其他动物和谐地生活。

瑞典半个世纪的生活场景，似乎都在斯堪森公园重现，而公园所在山坡的背面则是鳞次栉比的高楼大厦。现代都市的建筑与古代的经典建筑在这里相聚，似乎要交流彼此的时代文明。

如今斯堪森公园已成为瑞典重要的文化

娱乐中心，这里经常举行各种艺术展览和音乐、戏剧演出。每逢瑞典传统的仲夏节和露西亚女神节，斯堪森便成为欢乐的海洋，人们从四面八方汇集到这里，尽情享受节日的欢乐。

正是这样，在斯堪森公园，一个又一个节日的盛典，把一个又一个原本陌生的人牵连起来，给了每一个旅人一份充满古典怀旧气息的回忆……

树干上独具特色的小木屋

美景盘点

塞古露拉教堂

古老的塞古露拉教堂，已经经历了250年的风风雨雨，依然矗立在那里，守护着人们的信仰。人们来到这里，不光是做礼拜，庆祝圣诞节，还要一生中最重要的事情——婚礼也在这里举行。在这古色古香、庄严肃穆的教堂里，神父主持着新人的婚礼，一句“我愿意”，将留给这里最美好的回忆。

TIPS

❶最佳游览时间：4—10月。
❷有麋鹿肉、驯鹿肉、瑞典肉丸和土豆饺子等美食。

精致的木制教堂

关键词：安详、雄伟

国别：美国

位置：阿拉斯加州南部

面积：16564.09 平方千米

卡特迈国家公园

神赐的美丽

这是一片没有人类开发痕迹的土地。无论是摄影师、科学家，还是普通游客，任何来到这里的人都能体验到大自然原始、粗糙、未经雕琢的壮观雄奇……

水中捕鱼的棕熊

在美国有一片神赐的美丽大地，这里棕熊出没，燕鸥向南，寂寞的群山吞吐着白雾，湖泊陪伴左右。卡特迈，这位高贵的北方精灵族长老，就这样安详地站在大地之上，双手抚须，静看岁月流逝。

远望，卡特迈是神秘的，带着一种无言的肃穆。十几座威武的活火山仿佛是卡特迈这位白色长老手中挥舞的权杖，不怒自威。随时会爆发的刺激感让它更具吸引力，而隐藏在园内多处颇具考古学价值的遗迹，记录下史前时代世界最北端的古人类居住的痕迹，如同岁月风霜留在长老面颊上的沧桑印记。

近观，卡特迈又是和蔼可亲的。步入卡特迈，憨态可掬的棕熊会迎接你的到来，它们是这片大地上最后的居民，超过 2000 的“人口”使卡特迈成为全球最大的棕熊保护区；园中吸引游人的还有布鲁克斯河与纳克奈克湖盛产的鲜美无比的大马哈鱼。

夕阳下棕熊悠闲地散步

在湖边，架起钓竿，悠闲地与友人聊天，不用担心欢笑声会吓跑傻乎乎的鱼群，倒是胆小的天鹅、野鸭和各种海鸟会扑啦啦地飞起一片；漫步在卡特迈，你或许会看见驼鹿、北美驯鹿与野狼相继出现在雪地里。不用害怕，因为它们会比你逃得更快。这里还生活着数量众多的北极燕鸥，勤劳的它们每年都在阿拉斯加和南极之间不知疲倦地来回奔波，它们是全世界候鸟中迁徙距离最远的……

工作劳累的时候，携手家人，来一趟卡特迈国家公园，你会发现，劳累早已离你而去。在这里偷得浮生半日闲，何乐而不为呢？

成群的大马哈鱼逆流而上

美景盘点

万烟谷

峡谷充满了火山爆发时喷出的火山灰，以及各种火山喷气孔，因而也被称为“地球上的月面”。1912 年，阿拉斯加半岛爆发大地震，因而引起火山喷发，形成了数万个火山喷气孔，烟柱在山谷上空形成巨大的烟雾层，经阳光照射，无数条彩虹色彩斑斓，极其壮丽。

棕熊保护区

公园是棕熊的家园，世界上最大的棕熊保护区就在这里。站在距离布鲁克斯营地约 800 米的观景台上，观望汹涌而下的瀑布，就会发现，这里是欣赏棕熊的最佳去处，每年春夏两季，大量的游客就会来到这里，只为一览棕熊捕鱼的英姿。这里的上千头棕熊，自由自在，生活安逸，个个体型健硕，行动矫捷，引得游人阵阵惊呼。

TIPS

①最佳游览时间：4—9 月。

② 布鲁克斯营地游客中心的开放时间是 6 月至 9 月中旬。

③ 可以从朱诺的国际机场乘坐旅游航班前往卡特迈国家公园。

④ 烤鲑鱼是当地的特色美食，不容错过。

关键词：静谧、清丽
国别：英国
位置：英格兰西北部海岸
面积：2300 平方千米

湖区国家公园

英国的一颗宝石

这里的美完全是脱离世俗的美、不属于人间的美，是英国的一颗宝石。

湖水平铺在眼前，风乍起，吹皱一池春水，偶有几只野鸭慵懒地闲游湖上

设立于 1951 年的英国湖区国家公园曾给予威廉·华兹华斯、毕翠克丝·波特等艺术家以灵感，在这片土地上，孕育了著名的“湖畔诗人”，诞生了享誉世界的彼得兔，这里诗情画意，华兹华斯曾发出感叹：“我不知道还有什么别的地方能在如此狭窄的范围内，在光影的幻化之中，展示出如此壮观优美的景致。”

英国湖区国家公园位于英格兰西北部海岸，靠近苏格兰边界。湖区内遍布着 16 个大小不一的湖。伯里山脉傲然挺立的势头在这里逐渐和缓，横贯整个湖区，把湖区分成南、北、西三个区域。同时，湖区还将英格兰的最大湖——温德米尔湖和最高峰——斯科费尔峰纳入怀中，压倒了威尔士与英格兰的其他 10 个国家公园，摘得“英国最大国家公园”的桂冠。

这里湖光山色，浮生若梦。这是英格

兰最美妙的国家公园，一切色彩都被极致的浪漫主义覆盖：碧蓝的天空，如同洗过一般，干净、清爽；洁白的云朵，如同刚出炉的棉花糖，甜蜜诱人；灰色的农舍散落在青草地上，鲜艳的野花开满山坡，使得色彩不至于太过单调；氤氲的水汽蒸腾起来，将所有的景色笼罩其中，宛如仙境。

这是一块灵秀之地，孕育了无数惊心动魄的神话故事以及浪漫风雅的诗人作家，而他们中的大多数人，无不选择把湖区当作启发自己灵感的创作源地，用浪漫景色，回赠流传千年的浪漫诗意。水是湖区的灵气之源，这里遍布着各种各样的湖泊和瀑布，无论小巧还是广阔，它们无不让人感叹大自然的精心雕琢。在这美景中，很容易就忘记了时间。阳光温暖地倾洒，手捧一本《莎士比亚诗集》，即便不是诗人，在这翠绿温润的景色中，也能拥有几分诗气了。

这是一片宁静、安适的土地，华兹华斯在这里找到了灵魂的归宿。春季，草地上开满了各种野花，黄的、红的、蓝的、白的，一片绚烂，它们随着春风肆意摇摆，成为湖区里一道亮丽的风景线。春夏之交，这里满目翠绿，起初的嫩芽早已退去鲜绿稚嫩，演化成天鹅绒般的地毯，搭配着缎面般宁静的湖水，翠生生的，如同一幅还未干透的水彩画。除了这里，世上再也找不到这样的美景了。

◘ 两只恩爱的天鹅

美景盘点

斯科费尔峰

英格兰最高峰，海拔 975 米，与威尔士最高峰斯诺登峰遥相静守。这里常常被氤氲的雾气笼罩，宛如仙境宝地。在晴朗的日子里，攀登斯科费尔峰是当地人的习俗，行走在斯科费尔峰的山间道路上，不时可以看见一些人在奔跑。

温德米尔湖

位于爱尔兰海以东、英格兰西北部湖泊区以内，是英格兰最大的湖泊，全长 17 千米，最宽处 2 千米。这里的景致变幻莫测，在整个英国都是独一无二的。泛舟其中，沿途美景尽收眼底，惬意极了。

格拉斯米尔湖

与温德米尔湖的广阔不同，格拉斯米尔湖以小巧雅致取胜。更为重要的是格拉斯米尔湖畔的华兹华斯故居——鸽舍，它建于 17 世纪初期，小巧质朴，华兹华斯大半辈子隐居于此。

凯西克

位于湖区的北部，湖区内最大的城镇，也是湖区内特色建筑的杰出代表。该城镇建于维多利亚时期，房屋用湖底的石块砌成，颜色灰黑，显得古老而庄重。附近有被认为是世界上最有价值的史前纪念碑之一的凯尔特人巨石遗迹“卡塞里格石圈”。

TIPS

❶最佳游览时间：春季、夏季。

❷ 园区内不许露宿，想要在园区内住宿，需提前预订园区内的酒店旅馆。

❸ 格拉斯米尔姜饼和肯德尔薄荷饼是当地的特产，值得品尝。

关键词：苍茫、迷人
国别：蒙古国
位置：乌兰巴托以东 80 千米
面积：约 2.69 万平方千米

蒙古国特日勒吉国家森林公园

风吹草低见牛羊

天高地广，碧野茫茫，沉浸在大自然的洗礼中，请忘却喧嚣的都市生活。

山上树海密涌，云雾缭绕，草地上的牛羊让人坠入“风吹草低见牛羊”的诗意中

在蒙古国东北部的肯特山脉有一处自然保护区，距离首都乌兰巴托约80 千米，这里就是特日勒吉国家森林公园。公园内群山连绵，森林葱郁，河水蜿蜒其间，景色优美，三友洞、乌龟石等独特景观，更是吸引了无数游人前来观赏。

公园内山清水秀，怪石林立，沿途的传统蒙古敖包像一个个小山丘一样卧在草地上，偶尔会看到这里的人绕着敖包顺时针转圈，原来是在许愿，游客也可以效仿。一群群的蒙古马奔腾在草原之上，兴致来时，可以体验骑马，还可以给奶牛挤奶，蒙古人的生活完全体现在这片草原之中。

特日勒吉度假村地处草原坡上，全年开放，游客可以在蒙古包里过夜，湛蓝的天空、茂密的森林、清澈的河水，站在那缓坡上看这

传统的蒙古敖包

儿又是不一样的感觉。特日勒吉河岸原始而无污染的迷人景色，定会让你体会到身心的和谐，自然的回归。

特日勒吉河水丛林环绕，要是来的时间好，还能看到山上雪水融化，滚落下来的场面相当壮观。想想当年草原上的英雄在这些河流边小憩之景，真是增添了些豪气。

从度假村往下走，稍平坦的地方有些帐篷，这里有游客、有牧人、有孩童，不远处会看到蒙古族的小伙策马奔腾，一展风采。

在特日勒吉能体验到传统蒙古族的生活与风俗。还可以在大草原上感受大自然的气息，蒙古族的牧民很友好、好客，像对待自己家人一样，还有什么理由拒绝前往呢？

一匹匹蒙古马为这原始而无污染的迷人景色增色不少

美景盘点

不儿罕山

不儿罕山坐落在蒙古国特日勒吉国家公园内，因其是蒙古国境内肯特山脉的最高峰，所以被蒙古人尊为圣山。据记载，不儿罕山是蒙古民族历史的见证，成吉思汗的一生也与不儿罕山颇具渊源，不少重大的历史事件都发生在这里。世界各地的许多学者和游客也都慕名而来，只为探访“圣地”。

TIPS

①在草原上住宿，夜晚难以辨别方向，带上手电筒是必需的。

②草原上的饮用水大多盐碱含量较高，初来乍到者有时难以适应，有必要准备一些矿泉水。

③草原上光照充足，紫外线较强，最好带上防晒霜、太阳伞。

④草原上开车、骑马要在指定范围内活动，以免迷失方向或破坏草场。

关键词：深邃、童话
国别：克罗地亚
位置：克罗地亚西部山脉峡谷
面积：194.62 平方千米

普利特维采湖群国家公园

欧洲的后花园

这个“欧洲的后花园”，其地貌景致神奇，散发着独特的魅力。

在南欧克罗地亚，有一个叫作“普利特维采湖群”的国家公园，它位于克罗地亚西部的喀斯特山区，与波黑接壤。普利特维采湖群国家公园于1949年建立，是克罗地亚最大的国家公园。

普利特维采湖群国家公园内群山起伏，占地70%以上的森林在海拔367米到1279米的山地上肆意蔓延。以山毛榉和冷杉为主要树种的乌沉沉的茂密森林里，老木翳天，枝叶交缠，行走其间，唯有流水潺潺和悦耳鸟鸣。越走越深，溪水欢唱、泉水叮咚的声响越来越大，吸引着好奇的游人越走越快。突然眼前豁然开朗：一片湛蓝的湖泊。

在密林之中，藏匿于两条山脉间的是十六湖。十六湖是由16个湖泊互相连接而成的湖泊群，总长10千米，面积为2.17平方千米。十六湖是公园的精华所在。由于海拔的原因，各湖高低悬殊，从第1湖至第16湖落差达135米，各湖之间形成了瀑布群，其中落差最大的瀑布高达76米。倾斜的山体间，玉瀑、蓝湖一脉相承，你挨着我，我连着你，在这群山之间共同奏响一曲美妙动听的乐曲。湖泊两岸断壁悬垂，湖与湖之间有蜿蜒的木桥相连，既便于游人观赏，又提供了游览捷径，更给人小桥流水的幽静之感。

普利特维采湖群颜色深邃多变，湖水之上又有蜿蜒的木桥可供穿行，不似在人间

十六湖的湖水清澈见底，可以清楚地看到鱼儿在其中游来游去，湖底的水草、枯木清晰可见。每天，两岸的绿树在这自然的梳妆镜前化装打扮，将最美的面容展现给游人。由于地处喀斯特地貌区，水中含有大量的矿

物质与化学元素，这使得湖水呈现出一种特殊的颜色。一天之中，随着阳光照射角度的不同，湖水的颜色也随之发生变化，因此在不同的时段，每一个湖会呈现不同的景色，煞是好看。

这里的景色如梦如幻，美得让人窒息，步入其中，宛若进入仙境。在这片流传着美丽童话的土地上，十六湖就像是一个童话世界，而漫步者便成了幸福、快乐的“小矮人”。

美景盘点

十六湖瀑布

有的瀑布如画家笔下的柳叶，寥寥几笔，虽不甚壮观但在青山绿水中却显得十分细腻；有的瀑布从直立的峭壁上飞流而下，气贯长虹。园中十六湖瀑布各有千秋、变化多端，有的瀑布可以连接两个不同颜色的湖泊，这种梦幻而又唯美的景致，只在天上有，不应在人间。十六湖瀑布虽然在落差和宽度上略逊一筹，但依然是世界上最美的十大瀑布之一。

TIPS

❶最佳游览时间：4—10月。
❷这里天气凉爽、空气湿润，应准备一件长袖衣服。
❸这里降水较多，最好携带雨具。
❹自来水可直接饮用。
❺篝火烤肉、达尔马提亚熏火腿以及各式奶酪、腊肠都不容错过。

漫步于木桥上，聆听泉水的律动

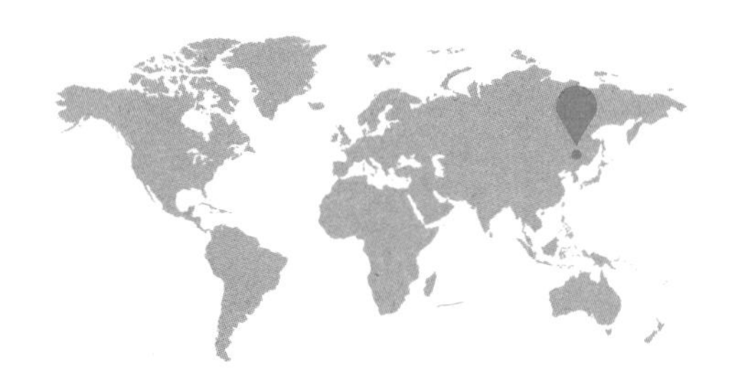

关键词：幽静、秀美

国别：中国

位置：黑龙江省伊春市

面积：2153 平方千米

汤旺河国家公园

红松的故乡

置身园中，云绕山梁，溪流低谷，营造出一处清凉的世界。

汤旺河标志性的石碑

汤旺河国家公园坐落于黑龙江省伊春市汤旺河区，是中国第一个被批准的国家公园。公园融奇石、森林、冰雪、峰涧、湖溪于一体，集奇、险、秀、幽于一身。这里是亚洲最完整、最具代表性的原始红松林生长地，素有“红松故乡”之美誉。汤旺河人的日常餐饮离不开松仁，松仁玉米是当地家常菜，人们闲来无事习惯嗑松仁，十颗松仁的营养效用远远超过一枚鸡蛋，而且，据说很美容。小径深处，笔直参天的红松原始林笼罩着一阵氤氲。

除了红松，还能看到一片片的白桦林，是否让你想起了朴树《白桦林》那忧伤的调调？只是置身在这个纯美的白桦林木丛中，愉悦和幸福就这样突然而至了，呼吸一口新鲜的空气，再也不想离去。远离了城市的喧嚣，忘却了烦忧，让我们卸下心防感受。

漫步在公园中，只见峰顶云雾缭绕，林间溪水潺潺，被誉为“空气维生素”的负氧离子，在这里每立方厘米可达5万个，约是北京这种大城市的200倍。放下都市里的繁忙与疲惫，在这个大氧吧里尽情呼吸，闻鸟鸣，嗅花香，放松身心，融于自然，就会发现，原来一切都是这么自然舒畅。就算到了夏季，这里的温度也不会太高，简直是人们心目中的世外桃源。

汤旺河国家公园核心景区石林地质公园独特的花岗岩石林，是目前国内发现的唯一一处类型最齐全、发育最典型、造型最丰富的印支期地质遗迹，树在石上，石在林中，林海奇石、地球一绝，奇石千姿百态，惟妙惟肖，在世界上也属罕见。

就是喜欢这种厚厚的散发着历史感觉的景致，美不胜收。一切都是那么沉静，时间在这里静止了，安静得只剩下这秋日的呓语，这里风景很美，可以给人以精神上的享受。忽然觉得有一丝丝浅浅淡淡的孤独，不过幸福也尾随而至。

有时候，只要存在就是好的。

美景盘点

风灾遗址

这里原本有一片珍贵的汤旺河红松母树林区，2008年8月5日，一场大风把这里所有的红松都拦腰截断了，无一幸免，其中最粗的一棵红松已有好几百年的历史。红松是东北珍贵的树种，很难通过人工种植存活，这片红松母树林的消亡，损失重大。把它的原始状态保留下来是为了让人们知道，森林被人为过度砍伐破坏后，形成孤岛效应，没办法和自然抗衡，请爱护环境。

石林

这样生机勃勃、春意盎然的石林还真是奇观。这里的石林最大的特点是石与树的完美结合，走在景区内不时会看到天然的、巧夺天工的花岗岩奇石景观。难怪有人说“树在石上长，石在林中藏”，这里的石林是散落在林中的一个个独立个体，幽雅独特，引人入胜，美不胜收。

溪流穿梭在长满青苔的岩石间，欢快自然

TIPS

①出发前最好准备一壶清茶，适当加些盐。清茶能生津止渴，盐可防止流汗过多而引起体内盐分不足。
② 遇雨时在山上不可用雨伞而要用雨披，这是为避雷电，并防止山上风大连人带伞给兜跑。
③ 照相时要特别注意安全，选择能保障安全的地点和角度，尤其要注意岩石有无风化。

关键词：原始、温婉
国别：美国
位置：佛罗里达州
面积：6104 平方千米

大沼泽地国家公园

芦苇深处鸟儿的天堂

世世代代的人们都站在幻想的山巅，渴望去了解这片沼泽地，揭开她神秘的面纱……

成千上万的火烈鸟在这里繁衍生息

人们大多会选择在冬季出游，是因为冬季气温温和、湿度较低以及蚊子更少，美国佛罗里达州的大沼泽地就是一个理想的选择。冬季气候干燥，水位会下降，这就驱使灰狐和白尾鹿这类动物外出寻找其他水源，此时便是观赏野生动物的最佳时间。在冬季，佛罗里达黑豹很少出现，但鳄鱼却很常见。

整个大沼泽地国家公园长约 160 千米，宽约 80 千米，中央是一条发源自奥基乔比湖的浅水河，有 1965 平方千米之广。丰润的湖水溢出堰堤，注入河中，河水穿过广袤的平原，一路灌溉，一路滋养，造就了这种丰盛、独特的大沼泽地环境。

一只水鸟在水草上觅食

公园一年四季都是美丽宜人的。每年12月至次年4月是最美的时候。此时，无论是步行、坐船、划独木舟还是乘坐缆车，无论是在荒野还是在野营地露宿，大沼泽地都会让你觉得不虚此行。河水两边的硬木群落里，裂榄、橡树、桃花心木一字排开，参差不齐。地势低洼平坦的水涝地里，微波荡漾，高达数米的莎草在水中柔媚招摇，微风拂过，带来一阵混杂了沼泽地的独特气息。每当雨水浸没河堤、渗进洼地，这些水中的微型“小岛”就成了一片独立的欢乐天地——鱼和蝌蚪时而聚首交谈，时而啃噬嬉戏；蜗牛懒懒地趴在叶子上，聆听着青蛙在草丛里放声歌唱；热带斑纹蝴蝶应声起舞；只有成群的蚱蜢躲在裂开似的荚果里蹦来蹦去，无所事事。大自然的无穷乐趣都在它们的一颦一笑之中了。

这是一片一望无际的森林海洋，松林红树、鸟语花香。林子深处，一条被如茵绿草温柔覆盖的河流从腹地伸出，缓缓流向海洋，万物、时光，此刻一同静静流淌。这幅如画美景，就是大沼泽地留给人们的永久印象。没有哪一座公园会比大沼泽地国家公园更加温婉动人了吧，这位建立于1974年、秀外慧中的大家闺秀如同一颗优雅珍珠，淡淡闪耀在美国佛罗里达州南部尖角的位置上。

斗转星移，世界匍匐在水泥森林的阴霾下，那些拥有着原始生态系统的丛林和沼泽在人们毫无节制的欲念中渐渐模糊了。野生动物的目光中流露出惊恐与悲戚，这片人间仙境就这样在现代化的风暴中艰难地生存着。愿尘世间的人都能听到来自大自然的呼唤——拯救大沼泽国家公园，留住这片美若仙境的湿地！

一条美洲鳄正张开血盆大口等待猎物的到来

美景盘点

七英里大桥

七英里大桥位于佛罗里达群岛马拉松段，是一个著名的航海目的地。只可惜它经历了1935年和1960年两次飓风的袭击，老桥已不堪重负。现在使用的是1972年至1982年间建的新桥。开车驶过，两边茫茫大海中有座写满了岁月年轮的老桥相伴，前方依旧是无尽的路面和苍茫的大海。一种逍遥的感觉油然而生，顿时体会到了孔夫子说的“乘桴浮于海”的意境。现已遗弃的老桥也是一道游客必去的风景，由于其主体部分尚保存完好，很多人把它作为钓鱼的栈桥。

鳄鱼场

鳄鱼场毗邻大沼泽地国家公园，拥有超过2000只的野生鳄鱼。在这里你不仅能够了解到沼泽地生物的生活习性，还能够近距离地观察它们的日常活动。如果想更好地身临其境，千万不要错过景点独一无二的气垫船之旅，那种在广袤的沼泽地飞速穿梭的刺激体验，一定能让你回味许久。

火烈鸟区

火烈鸟区位于公园最南端，这里可以观看到美洲短吻鳄以及篦鹭等鸟类，但是火烈鸟却鲜少光临这里。火烈鸟区以水上游览为主，其中包括两种特色旅游项目：一种为内河游，全程来回约2小时。可以一边乘船沿着红树林游历，一边听着导游讲述有关火烈鸟和岸边旋涡的故事。另一种项目是佛罗里达湾游，火烈鸟区内有宿营地。

TIPS

❶最佳游览时间：12月至次年4月。

❷在大沼泽国家公园内，只有乘船才能游览，因此，不买门票只买船票。

❸游客一般选择在迈哈密住宿，同时，多处露营地和度假村全年开放。

❹在小哈瓦那区，可品尝到风味独特的加勒比海及美洲风味的美食。

关键词：缥缈、魔幻

国别：德国

位置：巴伐利亚州

面积：210平方千米

贝希特斯加登国家公园

人间仙境

悠闲淡雅的欧洲田园风景，是自然给予此地的烙印。

滨海的小镇风光

德国巴伐利亚州的阿尔卑斯山脚下，有最值得德国人夸耀的风景胜地——贝希特斯加登国家公园，这里高山巍峨，溪流潺潺，森林茂密，山花遍野，湖泊如镜，牧场似毡，人入其中，恍若进入世外桃源。

布拉格的第一场雪，纳木错天一样纯净的湖水，上野飘零的樱花……每一处风景，都是一种印记，那么贝希特斯加登呢？仿佛严谨的日耳曼人把仅存的浪漫想象全用在贝

▫ 坐落在山上的小镇，人入其中，恍若进入世外桃源

希特斯加登上了。清澈的贝希特斯加登河从贝希特斯加登镇中央蜿蜒流过，或湍急，或平缓，或涓涓细流，或一泻而下，可以听到鸟儿的鸣叫声和泉水或急或缓的流动声相互附和，真的像音乐一样。夕阳如同金粉，兜头兜脸洒向圣巴特洛梅僧院的红瓦白墙。湖的对岸，大片牧场将嫩绿一路延展，数不清的奶牛熙熙攘攘地在围栏里吃食散步。流云在蓝天上悠闲地飘浮着，时间仿佛停顿。好一派宁静的田园风光！

因为被阿尔卑斯山脉环抱，所以这里一年四季风景各不相同。春来的时候最是花团锦簇好风光，满山遍野开满了各种不知名的山花，晚风带来绿野芳香，连空气里都充满了甜丝丝的气息；仲夏时节，无数游泳爱好者在这里展示身手，微风送爽，说不出的酣畅；到了秋天，金灿灿的落叶铺满一地，野鸟在树林深处盘旋鸣叫，旧游似梦，不知

初春的雪峰，满眼新绿，山花怒放，甜丝丝的空气，令人不忍离去

海阔山遥，何处是潇湘；而冬日，积雪将一切过往覆盖，整个小镇只露出最纯真的面孔，看岁月变迁。

到了这里才知道什么是风景如画。这里没有了大城市的繁华喧嚣，没有了打扰，可以真切地体会那沁人心脾的美丽。不如停下脚步，在这里留宿，早晨醒来，能听到窗外河水欢快地歌唱着。推开门走上阳台，深吸一口气，感受清晨第一口空气的清新怡人，带着阿尔卑斯特有的气息一股脑儿地涌进肺里，散布到每一个角落，每一处细胞，彻底地让肺洗了个澡。这是何等惬意！这样一个别致悠闲的欧洲田园地，也许初看并不打眼，但难以忘怀。

美景盘点

国王湖

国王湖位于公园内，湖水清澈，平静如玉，堪称德国最干净美丽的湖泊。狭长的国王湖因冰河侵蚀而成，长 7.7 千米，最宽处约 1.7 千米，最深处 190 米，无疑是德国最深的湖泊。湖水四周群山连绵，郁郁葱葱，湖光山色，泛舟于此，清净美好。为了环保，行驶在湖中的只有电动船、手划船和脚踏船。漫步山谷中，看这如画风景，随手一拍，便是一张明信片。

舍伦贝格冰洞

舍伦贝格冰洞位于海拔 1570 米的地方，进入冰洞，感觉就像进入了童话世界里的水晶宫，它是由冰岩、冰霜和冰凌建造而成。在德国，它是唯一一座已被开发的冰景洞，每年都有无数游客前来观赏。

一条条瀑布如一条条白练从崖壁上遗落，实在是人间仙境

TIPS

① 白香肠味道不错，建议品尝。
② 国王湖中生活着很多鳟鱼，是当地的特产。
③ 柯尼希斯湖水质良好，适合饮用。

关键词：空灵、寂静
国别：澳大利亚
位置：达尔文以南
面积：648 平方千米

利奇菲尔德国家公园

绝美度假胜地

繁茂的热带雨林、陡峭的砂岩悬崖，奇妙的白蚁墩，清澈见底的天然游泳池，来了就不想走。

在水面上休憩的小鸟

卸下疲惫，回归山野，来做一场心灵 SPA。深呼吸，闭上眼睛，耳听瀑布的淙淙流水声，脑海里想着葱郁的丛林，想着你正位于天地间灵气最集中的地方，四周飘浮着湿润清新的水汽，日光在瀑布间描画着一道又一道的绚烂彩虹，花精灵在林间翩翩飞舞，她们轻轻地挥一挥手中的权杖，草地上的花儿便全开了，性感的木槿、纯真的鸢尾、奔放的扇子花、热情的山茶花……鼻息间全是花的芬芳，身体在不知不觉中便臣服于自然山水之间，这一场心灵 SPA，来得及时又彻底，令你全然忘我，不知尘嚣。

天然瀑布，原始热带雨林，白蚁山丘，林间小溪，湖光山色，天上人间。打开搜索引擎，有关于利奇菲尔德的多个相关词条。这些词条犹如一个个富有生命力的细胞组织，组成了利奇菲尔德今日的健壮身躯。这个澳大利亚北部的国家公园，被当地人视为一级度假村，每年无数游人慕名前来游览度假，放松身心，回归自然。

弗洛伦斯瀑布是园内盛名在外的景致之一，同时也是澳洲最壮观的瀑布之一。它没有伊瓜苏瀑布那般惊心动魄，也没有尼亚加拉大瀑布那般雄伟壮观，但和前两者相比，弗洛伦斯瀑布的娱乐性却值得一提。白色瀑布如练，一路温柔地顺崖而下，偶尔有锋利的岩石将白练撕裂，碎成丝状挂在岩壁。游人可以在瀑布下的天然溪水湖里泛舟、戏水，也可以选择在湖边的岩洞旁露营过夜，看天幕逐渐有星星点点的微光亮起，似银河在天边闪烁荡漾，微风轻拂发丝，水声潺潺，别有一番风情。

“失去的都城”则是利奇菲尔德国家公

园的奇特之处。亿万年前，因为地质变动，利奇菲尔德的悬崖峭壁间布满了千姿百态的红砂岩石柱，这块地域酷似古罗马斗兽场，根根石柱直指蓝天，默默承受着岁月的洗礼和时光的侵蚀。走近观望，只见这些红砂岩石柱像老者的脸，布满了一道道沧桑的皱纹，这里像一座曾经繁华的城池，不知何故，忽而繁华散尽，空留一地残骸，却又不甘销声匿迹，只好以此等方式，向世人证明曾经的存在。

喧嚣都市，寂静丛林，奇山丽水如同豪华大餐，总会令人乏味。还好，有利奇菲尔德这样的去处，可以纵情呼吸，放松心灵。就此回归山野，做一介山野村夫，倒也别有一番情趣。

美景盘点

弗洛伦斯溪步道

弗洛伦斯溪步道长 3.2 千米，位于公园的弗洛伦斯瀑布和布里岩潭之间。 在步道的两头都可以步行，然后沿着小径穿过凉爽的季风雨林。在任何一头，都可以安全地在弗洛伦斯瀑布的跌水潭或者布里岩潭的一系列瀑布和岩潭里游泳。

托尔莫瀑布

瀑布自两处高耸的悬崖倾泻而下，奔入一个深深的山谷中，气势恢宏壮观，如千丈白绸悬挂于万绿丛中，引人注目。瀑布的底部山崖上栖息着非常多的黄菊头蝙蝠和澳洲假吸血蝙蝠，为了保护这些蝙蝠的巢穴，禁止游客下水游泳。

TIPS

❶最佳游览时间：5—10 月。
❷门票免费，在公园内露营需要申请和缴费。

天然的溪水湖，清澈见底，氤氲着清凉

关键词：秀美、快乐
国别：巴西和阿根廷共有
位置：巴西和阿根廷交界处的伊瓜苏河流域
面积：2192 平方千米

伊瓜苏国家公园

仙女的裙裾

涧水轰鸣，彩虹高挂，如果不是亲临其境，你一定不相信世界上还会有如此气魄万千的地方。来到伊瓜苏，才知那夜夜入梦的山水天堂，原是这般模样。

水帘一般的瀑布直泻而下，雾幕四起，蔚为壮观

在阿根廷与巴西的交界处，有一条河流叫作“伊瓜苏”，若是你能够带足胆量沿着河流前行，来到伊瓜苏国家公园，便能欣赏碧水青石间的那一场气魄万千的旷古之美，这就是被誉为世界“新七大自然景观”之一的“伊瓜苏大瀑布”。

作为热带雨林，这里的植物生长得十分茂盛，乔木挺拔、野花与灌木相互映衬，颜色瑰丽的金刚鹦鹉与数百种蝴蝶在林中飞舞。在这片雨林中，又怎会少了觅食的鹿，小心翼翼地寻找猎物的虎猫……这里有多达 200 种的植物，但凡你在南美洲大陆上看到的动物都已在这里快乐地安家。然而来到伊瓜苏，你会对这一切失去兴趣，因为那已经响彻耳鼓的轰鸣声早已占尽一切风头。

来伊瓜苏是不能不看瀑布的。这一条条镶嵌于绿色丛林中的“玉带”摄人心魄，那是水与石多年来势均力敌激烈交战的结果：汹涌澎湃的河水一路奋力奔腾而来，却被迫在坚硬火山岩河床间的狭窄水道通过，于是一个个小瀑布应运而生。有的小瀑布缓缓

伊瓜苏河跨过绝壁，滔滔而下，产生的云雾滋润着葱翠植物的生长

大大小小的瀑布成片排开，层叠而下，激起无数水花

拾级而下，水声潺潺；而有些则忽然从峡谷边缘一泻到底，发出雷霆之声，那激起的水花甚至比瀑布顶端还高，看得人心惊胆战。白天，阳光穿过瀑布激起的重重水雾，幻化成无数绚烂的彩虹群，疑似人间仙境。成千上万只可爱的“伊瓜苏精灵”——雨燕则在瀑布的倾泻面底部不断地盘旋俯冲，远远望去，好似这银白的玉带上镶嵌了无数的黑珍珠。

这些瀑布群中，最壮观的要数伊瓜苏瀑布了！这条瀑布呈弧形，水面宽度达4000米，平均落差为72米。它共由275个瀑布组成，其中最高的联合瀑布一路直泻，看起来犹如一面银白泡沫墙壁，气势尤为惊人。

1909年和1939年，巴西和阿根廷分别在伊瓜苏河两岸建立国家公园。这两个国家公园各有千秋，若是想要饱览大瀑布的慑人景观，最好两边都去游历一番，巴西境内的景观更为壮观，而阿根廷部分更适合探险。两边的景致相映成趣，去掉任何一边，伊瓜苏之美便不复存在。

▣ 瀑布溅起的阵阵水雾，经久不散，被阳光折射成美丽的七彩光谱

造物之神对伊瓜苏异常慷慨，悠闲与壮观并生，造就了这一方不一样的乐土。若是厌倦了世俗生活，看厌了奇山乐水，那就来伊瓜苏吧，它会让你对于碧水青山有另一种解读！

美景盘点

伊瓜苏瀑布

距离巴拉那河与伊瓜苏河的汇流点23千米左右，高80米，是世界上最壮观的瀑布之一。汛期时，瀑布群犹如一道垂挂于峭壁之上的水幕，狂泻而下，水声如雷，如万马奔腾。

鬼喉瀑

位于伊瓜苏瀑布的中部，是中部瀑布群中最高、最壮观的一个，该瀑布在泻入深渊时，发出的轰鸣声加上深渊内震耳欲聋的回声，令人惊心动魄，因此而得名。

TIPS

❶对于在机场和酒店帮助搬运行李的服务生，最好付给他们一定的小费，而当地的大多数饭店和酒吧的账单里已经包含 10% 的服务费，因此不必另外付小费。

❷ 在巴西，咖啡和宝石是值得购买的东西，皮件、蜂胶和手工艺品是送人的佳品。

❸ 烤肉是阿根廷常见的食物，马黛茶是阿根廷的特产，值得品尝。

▣ 犹如白练的瀑布群雄伟而壮观

关键词：绚丽、神奇
国别：瑞典
位置：拉普兰省
面积：77 平方千米

阿比斯库国家公园

美丽的极光

阿比斯库国家公园里看到的极光是这个星球上最美丽、最奇特和最迷人的景象。

原始、宁静、清新，都是形容公园的山峰、峡谷、平原、森林、湖泊、植被和动物最贴切的词语。广袤、独特、无可比拟，这三个词也可以用来描述这个北极圈内的天堂。只有亲身游览瑞典阿比斯库国家公园，才能了解其真正的不同，领悟其中的真谛。呼吸新鲜的空气和观赏美景定会使人心灵欢快，吟唱不绝；滑雪、坐雪橇及抓拍极光则会令人心潮澎湃，刻骨铭心。

北极光是这里最美丽的风景。在当地，北极光的写法是“Revontulet”，意思是“狐狸之火”，古老时代的当地人以为那些光是狐狸在冬夜里奔跑时尾巴扬起的漫天火焰。冬季，游客可以在毫无光污染的环境下欣赏极光，任何彩笔都很难绘出那在严寒的空气中变幻莫测的炫目之光。极光有时出现时间极短，犹如节日的焰火在空中闪现一下就消失得无影无踪，有时却可以在苍穹之中辉映几个小时，有时像一条彩带，有时像一团火焰，有时像一张五光十色的巨大银幕，

在帐篷里看极光，是一种不同凡响的体验

奔涌的河水穿行在嶙峋的岩石间，野趣十足

仿佛在上映一场电影，给人视觉上美的享受。

北极圈最美丽的动物当属北极狐，北极狐也叫蓝狐、白狐等，这种美丽的生物被人们誉为“雪地精灵”，12 万年前的地球上就出现了它们的身影。北极狐有着又长又厚的毛皮，脚底上也长着长毛，可在冰地上行走，这是它们能在 –50℃的阿比斯库冰原上生活

狭窄处，水流缓缓而过

的一个重要原因。

在阿比斯库，猞猁堪称一霸，几乎没有它们不敢招惹的动物。它们以巨石、大树、草丛、灌丛为掩体，当猎物接近时，以迅雷不及掩耳之势飞身扑去，咬住猎物咽喉，然后饱餐一顿。如果游人在阿比斯库国家公园里发现树上挂着血肉模糊的动物尸体，十有八九是猞猁所为……

当然，在阿比斯库国家公园，最该体验的是各种户外运动，著名的徒步旅行道路“国王足迹”的起点就位于阿比斯库国家公园。在这里，全年都可以享受远足的乐趣。除了“国王足迹”，公园内还设有多条徒步、攀登的线路，所有游览线路都有明显的方位标记，沿途有小屋和其他便利设施。

如今，在阿比斯库国家公园也可以体验带着土著部落色彩的运动。一人坐在铺着鹿皮的椅子上，另一人站在雪橇后面的滑行板上，松掉绳索，任凭狗向前狂奔。狗不易操纵，因此要保持雪橇的稳定或用钩子插入

雪地以停止雪橇，一旦钩子拿回，狗会继续前进。一次体验下来，已是气喘吁吁。

漫步于森林和山峦之中，享受大自然的恩赐，欣赏生命的自然更迭。

美景盘点

北极光

在阿比斯库观赏北极光这一大奇景，每年 5 月 27 日至 7 月 18 日可以欣赏到不容错过的午夜太阳。

人们去这里是为欣赏它那壮观景象并目睹每晚都会出现的极光奇观，捕捉那千变万化的超级“电光秀”，并彻底地爱上北极光。

TIPS

❶最佳游览时间：11 月至次年 3 月。

❷ 极光、极地动物是不容错过的美景。

❸ 驯鹿腿肉块、驯鹿肉香肠、肉饼、肉糜是值得品尝的美食。

❹ 陈年红酒、伏特加调果汁、味道稍微清淡的白葡萄酒是值得品尝的饮品。

□ 坐在缆车上，尽情观赏美景，品嗅山中清新空气，也是一大乐事

□ 秋季为公园增添了五彩的颜色

第三章

抚——万物生灵

风景如画的公园内，

动物奔跑在其中，

释放着它的野性。

最令你惊心动魄的是，

你想与它们亲密接触，

感触它们的柔美与神秘。

左图：夕阳西下，玩够的小象跟随象妈妈回家

关键词：生态、野性
国别：坦桑尼亚
位置：东非大裂谷以西，阿鲁沙西北偏西
面积：14763 平方千米

塞伦盖蒂国家公园

野生动物的天堂

这里，是人迹罕至之地。你将目睹规模盛大的动物种族迁徙仪式，还有大自然对“物竞天择、适者生存”的真理的诠释。

结伴出行的长颈鹿

塞伦盖蒂国家公园是坦桑尼亚最受欢迎的国家公园，同时也是世界文化遗产之一。每当雨季的时候，茂盛的草原、青葱的灌木林及高大的刺槐林将整个塞伦盖蒂·马萨伊马拉动物保护区装扮成绿色的海洋。盐碱土壤的代表性植物主要是马唐和鼠尾粟等茅草，而在较湿润地区，水蜈蚣等植物占尽优势。保护区的中部为大片金合欢林地草原，丘陵植物和茂密的林地以及一些长廊林则覆盖了保护区北部的大部分地区。金黄色的金合欢树在风中摇摆，及膝的草丛遍地都是，碧绿的草原怀抱着蔚蓝的湖水，湖水边镶着一圈洁白的盐碱地，就像一颗巨大的珍珠镶嵌在草原上。然而，这种美妙的景象也只能在雨季享受。旱季到来之时，除了穆巴拉盖提河和马拉河流域的“隧道森林”还依稀存在之外，草原几乎全部变成沙漠。

真正意义上的动物大迁徙发生在这里。以寻找适合的水源和牧草作为动机，动物们靠着敏锐的嗅觉和坚韧的脚力行走于茫茫塞伦盖蒂。牛羚和斑马是这支队伍的领头兵，它们如同一台强大的割草机扫荡草原。除了牛羚和斑马外，走在这条迁徙路上的还有约 30 万只汤姆森瞪羚和 3 万只格兰特瞪羚。不断壮大的兽群形成了浩浩荡荡的迁徙队伍，在这里也蕴藏着无限生机与死亡。动物在迁徙途中面临着各种危险，无时无刻不上演着适者生存的故事，这也是这片土地的魅力所在。

若是碰上雨水迟迟不来，牧草得不到

滋润，以此为食的牛羚和斑马最终会因为争夺食物而彻底断绝盟友关系。固执的斑马会继续等待着雨水的降临，而目光短浅的牛羚则在漫无目的地徘徊中彻底丧失最后一线生机，留下了数量庞大的腐烂尸体。现成的美味吸引着鲁贝尔氏兀鹰，于是这些专食腐肉的家伙也跟随迁徙。而当水牛与河马吃掉最后残余的边缘草地，转角羚羊、东非绢羚以及黑斑羚就不得不放弃侥幸，加入这一路浩荡。就这样一年一次，永不停歇。

强者虽位于生物链的顶端，但最终依然归于尘土来滋养大地的植物，重新加入轮回。生命的奥秘是如此简单直接却又震撼人心，初次体验到这种单纯的时候，你会禁不住沉浸在这种庞大、完美的自我运作规律中，深深臣服。来到这纵深的塞伦盖蒂，停留片刻，看大自然在这里肆意扯开外衣，将适者生存的真理展示得淋漓尽致。

美景盘点

金合欢树

金合欢树对非洲的动物来说就是上天给予的福祉。在干旱的日子里，大象和长颈鹿就以树顶的枝叶充饥，并补充水分。花豹则把树顶当作短暂的藏身地，借以偷袭猎物。狮子则在树下懒懒地打盹儿，以躲避烈日。

同样地，金合欢树种子需要高角羚和大象的消化液才能被软化，才有萌芽的机会。种子随着粪便排出动物体外，埋入土中，一棵新的金合欢树就会因此生根发芽了。它长大后形态优雅、落落大方，为无边的草原增添了一抹亮色。细长的枝条托着对称的两排羽毛一样的叶片，密密麻麻地向水平方向延伸出去，这就是生命的轮回。

TIPS

❶最佳游览时间：11 月至次年 6 月。
❷ 可从达累斯萨拉姆乘坐越野车前往塞伦盖蒂。
❸ 达累斯萨拉姆住宿方便，物价较低，但需要提前预订酒店。
❹ 用非洲热带水果做的沙拉是当地的特色小吃。

奔腾在河里的牛羚群，浩浩荡荡，极其壮观

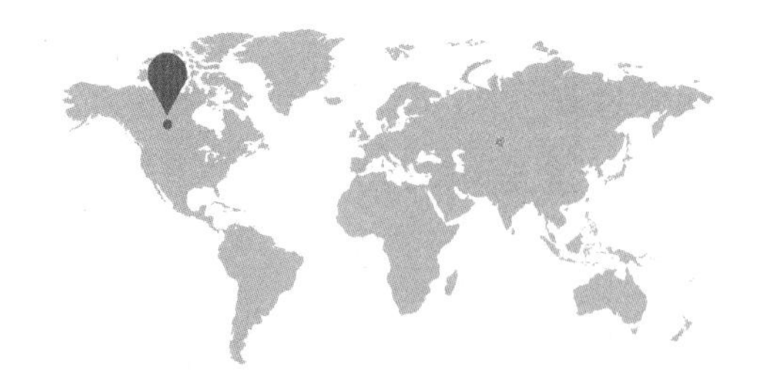

关键词：辽阔、天然
国别：加拿大
位置：萨斯喀彻温省
面积：907 平方千米

大草原国家公园

野性的释放

走进大草原国家公园，来探索发现自然与野性。

进行争斗的野牛

常年受萨斯喀彻温河滋润着的萨斯喀彻温，草木繁茂，可以说是一个纯粹的草原。这里除了草，剩下的似乎就是天空，白云朵朵，如帆船般航行在蔚蓝的天空上，白色、绿色、蓝色在天边交融，好一处“人间天堂”，怎能不让人留恋呢？

而成立于 1981 年的萨斯喀彻温省的大草原国家公园是加拿大新的公园之一，是为了保护加拿大为数不多的、还没有被破坏掉的草原而成立的，这里保持了草原的原汁原味，是尽情享受无边无际的大草原风光的最佳地点。漫步于大草原国家公园的草原上，看着蓝天白云下飞奔的动物，天空中飞翔的鸟儿，不禁会觉得自己像是置身于天堂，也成了自由自在的人儿，心情无比舒畅。

加拿大的黑尾土拨鼠只生活在这个唯一的、安逸的公园中，这些小家伙最善于挖洞穴，看似是独居，一只小鼠一个坑，其实它们是一个群体一个区，每个区内会有公用的地道，就连食物也是共享的。黑尾土拨鼠在洞穴外彼此相遇时，必须辨认一番，严禁外来土拨鼠入侵。

在草丛中休息的猫头鹰

公园里衣食无忧的黑尾土拨鼠

罕见的或者濒危的叉角羚、艾草鸡、穴鸮、鵟鹰、野牛、黑足雪貂等也在此安家。其中野牛在20世纪几乎消失，公园建立后，为恢复此地的生态环境，加拿大国家公园组织才逐渐从阿尔伯塔的麋鹿岛国家公园人工运来了上百头野牛。在大草原国家公园的东部荒芜之地上还有珍贵丰富的恐龙化石。

公园的高地是一片荒野，没有任何标记和符号，是典型的草原自然保护区，也是加拿大最辽阔的草原国家公园，到这里徒步旅行可以真切地感受到大自然的美丽风景。

▣ 可爱的麋鹿

美景盘点

法国人河

法国人河是公园地区的“生命线”，下游在美国的蒙大拿州汇入牛奶河，再汇入密苏里河，属于北美最大的河流水系密西西比河流域。法国人河谷是野生动物出没最多的地带，包括野牛、鹿和北美羚羊在内的许多食草动物都能在这里找到踪迹。

深谷区

深谷区位于公园北部，看得出来，这些深谷都曾经有法国人河支流河水的流淌，只是因为气候原因才逐渐干涸。夏天来这里，还可以看到谷地上鲜艳的野花；秋日，满眼虽仅余浅草萋萋，但依然不失一个“野”字。

TIPS

❶旅行要带长衣长裤，防止蚊虫叮咬，准备好遮阳帽、太阳镜和防晒霜。

❷ 为防引起肠胃不适，不能喝生水，应饮用矿泉水和开水。

❸ 草原住宿，需自备洗漱用品及拖鞋。

关键词：凶性、刺激
国别：肯尼亚
位置：裂谷省
面积：1510 平方千米

马赛马拉国家公园

动物的乔迁之所

这是一场为生存进行的迁徙，这是一个适者生存的地方。

踏青的大象一家

马赛马拉自然保护区位于肯尼亚东南边，靠近坦桑尼亚的塞伦盖蒂，是一个名副其实的野生动物王国。在肯尼亚众多的野生动物保护区中，马赛马拉国家公园可以称得上是“园中之冠”。

数以百计的野生动物在这 1500 多平方千米的东非大草原上，组成马赛马拉丰富的生物链。数万头角马和成群的瞪羚、斑马、长颈鹿等栖息在这里，这条生物链中最强的捕食者是非洲狮，黑背豺则是最具谋略的捕食者。

非洲狮就是这片草原上的王，威风凛凛地巡视着这片辽阔的草原。它们张开血盆大口，吼声震耳欲聋，方圆几十米外的动物

角马大迁徙

都会闻之色变。作为天生的猎手，非洲狮的潜伏能力很强，一旦有猎物出现，便屏住呼吸，在草丛中轻轻地匍匐前进。

黑背豺又名黑背胡狼，是马赛马拉最有头脑的捕猎者。它们个头较小，体长只有60~90 厘米，和狗相似，背部黑色的斑纹一直延伸到尾巴，就像披着一件黑背心。它们喜欢猎食哺乳动物，如鼠类、野兔和体型较大的羚羊等。别看黑背豺体型不大，捕食单独一只成年的黑斑羚对于它们来说易如反掌。

每年的七八月份，几百万头角马便会组成铺天盖地的大军，从坦桑尼亚的塞伦盖蒂草原出发，中间横渡马拉河，最终到达马赛马拉，直到 10 月再返回塞伦盖蒂。当角马队伍来到马拉河时，队伍最前方的头马带头奋身一跃跳进马拉河，后面的角马便一群接着一群跃入河中。它们除了要躲避鳄鱼的突袭外，还要奋力渡过湍急的河流，整个场面壮观而惨烈。

这是一场关乎生存的惨烈大迁徙，出发时浩浩荡荡的角马队伍，返回时却只剩下不到 30%。它们中间大多数会成为尼罗鳄的美食，另一些则是在迁徙途中过度疲劳而死，抑或是在渡河时惨遭同伴挤死。

除此之外，游客还可以乘坐热气球升到

成群的斑马散布在绿树环绕的草地上

空中，俯瞰苍茫的草原和动物迁徙的壮观景象。清晨，游客们乘坐热气球，随着太阳从地平线缓缓升起，看着渐渐离开的大地变得越发渺小，草原笼罩在一片金黄中。坐在气球上，草原上的景象尽收眼底，游客们能获得一种全新的视觉体验。马赛马拉有许多五颜六色、大小不一的鸟类，煞是好看。热气球的飞行时间为 45 分钟，气球降落后可以品尝厨师精心准备的美味早餐和香槟酒。飞行完成之后还能获得热气球之旅的证书作为纪念。

证书给人留下回忆，美景依旧在眼前，为何不让自己的人生多一次美好的回忆呢？

美景盘点

马赛人

这里有众多的马赛村落，几百年来一直在这片猛兽出没的大草原上狩猎、畜牧的马赛人，基本保持了自己近原始的生活习惯。于是，手持长矛、手杖，在草原上放牧的马赛人也与这里的狮子、大象、茫茫草原一起，成了马赛马拉的一大景观。

TIPS

❶最佳游览时间：7—9 月。
❷ 马赛马拉自然保护区中有多种特色营地和旅馆，虽然设施不太完善，但是充满野趣。

关键词：凶猛、肃杀
国别：南非
位置：德兰士瓦省东北部
面积：19485 平方千米

克鲁格国家公园

野生动物的栖息地

这里是世界上令人印象最为深刻的野生动物观赏区，真实的《动物世界》在这片蛮荒土地随时上演。

克鲁格国家公园是南非最大的野生动物园，位于德兰士瓦省东北部，勒邦博山脉以西地区。数万平方千米的栖息地，为游客提供了观赏非洲大型哺乳动物和鸟类的机会。园内大部分为多岩石的开阔草原，有 6 条河流穿过公园，也有森林和灌木丛，北部还有温泉。这里还有非洲独特的、高大的猴面包树。

猎食的花豹们

进入克鲁格国家公园，一望无际的热带草原风貌一览无余，雨水的滋润让青草遍布草原，仿佛一张厚实的碧绿地毯一般。随处可见青翠欲滴的低矮灌木丛和小树林，混合着青草和泥土芬芳的微风迎面扑来，满是原野的气息。而到了旱季，草原的植被又会慢慢枯萎，变得苍黄一片，将广袤的国家公园渲染得苍凉无比。每天的清晨和黄昏是国家公园景色最美的时刻，太阳散发着温暖而柔和的光芒将整座草原染成金黄色，每一株草的叶尖都弥漫着金色的醉意，就连天边的云彩也被这样的美景所感动，脸上通红一片。

观赏动物的最佳时机在清晨和黄昏，它们这个时候会展现出最强的活力。残阳如血沉入天际，婆娑树影下，杀机四伏。身处这蛮荒大地，造物主亲手设置了一场永不终止的残酷厮杀，却也造就了这斑斓大地上源源不绝的生命活力。唯有追逐与杀戮，如同日出日落般亘古不变。这里有号称“非洲五霸”的五大野生动物。花豹、狮子恒久奔跑，谁多抢得一秒谁就占尽先机，物竞天择本就是天经地义。非洲水牛看起来和人类饲养的没

□ 抢镜头的长颈鹿

什么差别，但其凶猛到连狮子都不敢在它们面前轻举妄动。犀牛与大象优哉游哉地散步，陪伴着游人惬意地烧烤、观鸟，一副不问闲事的好修养。

观鸟是游人必不可少的活动。公园中有507种鸟类，最奇特的一种叫秘书鸟。它有光彩奕奕的大眼睛，橙红色的“眼影”，再加上脑袋后方的一长排羽冠，活脱脱一个“公主”。但“公主”的食物很特殊，那就是蛇。秘书鸟遵循“一夫一妻”制，忠于原配，至死不渝。

在蛮荒的克鲁格，能够亲眼看见杀戮的实施与得逞，“优胜劣汰”的法则就这样赤裸裸地上演，原始野性在这一刻畅快倾泻。你会感叹，生命不过是如此简单，甚至你会欣赏这荒蛮的大地。

美景盘点

尼罗鳄

克鲁格国家公园的河滩附近能见到聚集在一起的尼罗鳄，它们如木桩般漂浮在水面上或者趴在岸边晒太阳。尼罗鳄是非洲大草原上最凶猛的猎食者之一，它们藏在水中，不会放过任何一个猎食的机会，当时机成熟便猛然挺起尾部，快如闪电般跃出水面，一口咬住猎物的头部，几分钟内置猎物于死地。这种捕食习性为它们赢得了“隐秘魔王”的恶名。

TIPS

❶最佳游览时间：6—9月。

❷斯库库扎是克鲁格国家公园的总部，这里有专门为游客准备的各种酒店，需提前预订。

❸卡鲁小羔羊肉是南非的特色美食，味道鲜美，不容错过。

❹猴腺肉也是南非的特色美食，值得品尝。

关键词：原始、自然
国别：尼泊尔
位置：特莱平原中部拉普蒂谷地
面积：932 平方千米

奇旺国家公园

镶嵌在喜马拉雅山下的绿宝石

有人说奇旺是小型的非洲。的确，这里也有非洲的雨林和红土，也有非洲的动物、植物。不同的是奇旺在喜马拉雅山脚下，更像高原下的守望者。

独角犀身上的硬皮仿佛是一块块拼成的，很像古代武士身上的盔甲

奇旺国家公园位于尼泊尔南部，高大的喜马拉雅山脚下，是尼泊尔的第一个国家公园。它像一幅定格的油画，把大自然最动人的造型、最美丽的色彩呈现在我们面前。这里是“世界屋脊”的起点，也是印度洋湿热空气的终点站。就在高山的脚下，海拔仅有 150 米的奇旺国家公园，已经完全脱去了厚重的雪装，花红草绿，树木繁茂。这里还是尼泊尔野生动物的天堂。

奇旺的含义是“密林的心脏”。这个从古代保留下来的最著名的原始森林，如同“镶嵌在喜马拉雅山下的绿宝石”一样璀璨迷人。

◘ 河上烟雾茫茫，犹如一幅山水画

面积 932 平方千米的奇旺国家公园曾经是尼泊尔王室的私人狩猎领地，如今更是最后一群独角犀牛和孟加拉虎的栖身之所。

奇旺保护的不仅仅是犀牛，这里的山川沼泽，森林草地，所有的动物，都在奇旺的庇护下生活着。这里有着世界上最珍贵的东西——绿色。对于城市中的人们来说，这样漫无边际的绿色更像是一种奢侈的享受。成片的竹林遮天蔽日，仿佛林中的空气都被染得青翠。阵阵微风吹过成片的竹林，簌簌的竹叶声像音符一样涤荡着人们的心灵。还有高大的婆罗双树，其树脂具有独特的香味，站在树下，斑斑点点的阳光顽皮地跳跃着，阵阵清香让人迷醉，小鹿轻快地跑开，大象悠然地走过。这里就是奇旺，野生动植物的天堂。

游览奇旺国家公园有两件必做的事，一是骑大象看独角犀牛。坐在象背上，像在海浪上起伏，悠然从林中走过，舒缓惬意。多半你会看到独角犀牛懒懒地泡着泥浴，只露出圆圆的眼睛和高高的角。二是坐独木舟赏鸟和找鳄鱼。迅捷的翠鸟，美丽的孔雀，翱翔的雄鹰同样是这里的主人。每年的 2 月到 4 月份，发现鳄鱼的概率会很大，它们像潜伏在水中的杀手一样，伺机行动。

当一天的行程即将结束，拉普蒂河畔的日落竟如此令人留恋：金灿灿的波光一直铺上天际，水面映射着变化万千的云彩，而此时最好的选择就是坐在河对岸的茅草搭建的小店旁，喝着绿茶、冰饮或啤酒，观赏拉普蒂河对岸正徐徐回家的亚洲象群。

独角犀牛躺在河里午休

美景盘点

拉普蒂河

拉普蒂河可谓奇旺丛林的生命之源，她滋养着这一片沃土，滋养着自己的子民，让这里的一切都充满生机。大象会来这里降温，鳄鱼在这里游玩，鸟儿在这里饮水，她时刻都在履行着母亲的责任。此外，在这里泛舟、漂流、看落日，也是不错的选择。

塔鲁族古村落

塔鲁族人深深依赖森林和河流，所以主要从事农业耕作，还喜爱打鱼。Holi 和 Maghi 是塔鲁族人的主要节日，遇到节庆或者演出，你将有机会欣赏当地著名的民间舞蹈——棍舞，如果你是一位想拍摄尼泊尔风土人情的摄影师，那么一定要将奇旺列入你的行程，因为你的镜头里如果缺少塔鲁族，那么你拍摄的尼泊尔风情将是不完整的。在塔鲁村里，一群塔鲁族青年男女穿着花花绿绿的衣裙，将手中的棍子玩出各种花样，并很有默契地应着音乐的节奏互相敲打。

大象繁殖中心

繁殖中心位于索拉哈以西约 3 千米处，奇旺国家公园内供游客骑乘的大象大部分来自这里。大象在大多数时间里在吃草，因此如果你想看超级可爱的小象的话，要么上午 10 点半以前来，要么下午 3 点半以后来。找看象人购买他们制作的大象最爱的甜食。

TIPS

❶最佳游览时间：2—5 月。

❷ 园区内不允许露宿，若要在园区内住宿，需提前预订。

❸ 首都加德满都距离奇旺国家公园 120 多千米，可选择乘坐专门的旅游班车或是租吉普车。

❹ 园区内只有一家旅馆允许乘坐吉普车到达，其余旅馆需要骑象前往。

❺ 煎蛋饼、咖喱饭是当地的特色美食，值得品尝。

关键词：神秘、奇妙
国别：印度尼西亚
位置：巴厘岛东部
面积：733 平方千米

科莫多国家公园

柔美与神秘

狂野暴力，柔美神秘，不一样的快感，直击你的心脏。

◘ 海天一色，风景宜人

烈日、沙滩与缤纷珊瑚，囚犯与黑色牢笼。如果不说，是否难以想象这些不同风格的景观会存放于一地？没错，在距印度尼西亚巴厘岛以东370千米处，世界上最美的水域印度洋间，确实有着这样一块美得如此调皮之地。它正是科莫多，一个以蜥蜴为图腾的奇异岛屿。

科莫多国家公园由科莫多岛、帕达尔岛、林恰岛等岛屿组成。仿佛是因为生于火山运动的活跃之处，这一带的岛屿样貌标致，性情乖张。而与松巴哇岛和弗洛勒斯岛同属于努沙登加拉群岛的科莫多岛，却偏偏是那最怪最任性的一个。虽然身处大洋中间，它却有着干旱的热带大草原，厚密矮小的植被如同浓密的鬈发，阻挡着一切不必要的水分蒸发。这里人迹罕至，唯一的村庄竟是那流放犯人、黑色阴森的囚禁牢房；明明景色秀美，风情万种，却有着体形臃肿、面目可憎的巨

山岭在海中连绵起伏，似一座水上断桥，唯美浪漫

蜥横行。这俏皮、另类的科莫多仿佛是那解酒的冷风，正当人们为腻腻乎乎的海景美梦沉醉迷糊的时候，看见它便清醒提神，不敢有丝毫马虎。

最令人忌惮的应该是那些丑陋吓人的蜥蜴吧，而这里——世界上最大的蜥蜴保护区，偏偏是它们横行无忌的天堂。它们体形硕大，一头一尾伸个懒腰便 3 米有余。肥厚的尾巴看似笨重，其实最致命的就是，只要它轻轻一扫，再大的猎物也不在话下。它们通常只是一口，牙尖儿的剧毒细菌便足以让猎物丧命。

然而，天生丽质难自弃。尽管是这样一个另类的“姑娘”，世人镜头下的她依然明艳动人：白色浪花与沙滩海岸抵死缠绵，蔚蓝海水下，缤纷的珊瑚柔弱摇摆，展现最动人的姿态。岛上山川险峻，侧边悬崖有着分明的英俊棱角。站立于宽阔草原，得天独厚的棕榈树丛得意扬扬，风一吹过便哗哗作响。远处的小山上，早已人去楼空的流放监狱像童话里的幽闭古城堡般，仍不时闪耀“黑色魔光”。只有那无声转动着阴冷眼球的巨大身影，像是在对得意忘形的游人随时提醒：这里不是属于你们的天堂。

来科莫多，全情投入去体验这一场暴力、柔美与神秘共存的矛盾之旅吧，只要带上足够的好奇与胆量，你也可缔造属于自己的“金刚”童话。

美景盘点

科莫多岛

岛上有珍贵动物科莫多巨蜥，又称科莫多龙，是世界上现存最大的蜥蜴。岛上居民 200 多人，住高脚架屋。唯一村落科莫多位于东岸海湾畔，以出产大蜥蜴科莫多龙出名。

TIPS

❶最佳游览时间：7—9 月。

❷ 进入科莫多岛，以及想要在岛上住宿需要先到自然保护局申请许可证。

❸ 林恰岛的要求相对简单，且岛上的野生动植物资源也非常丰富，建议在这里住宿。

❹ 克杜巴是当地的一种特色美食，值得品尝。

◘ 独行兽——科莫多龙

关键词：静谧、绚烂
国别：孟加拉国
位置：恒河三角洲
面积：10000 平方千米

孙德尔本斯国家公园

最美的红树林

当候鸟飞过数千只载有木材、圆瓦、柴木、蜂蜜、海鲜的帆船，孙德尔本斯红树林更加妖娆动人。

充满异域风情的茅草屋

来到孟加拉国，你无须左顾右盼，因为最美的森林就在孙德尔本斯国家公园。

在这里，恒河水千百年来静谧流淌，古老的誓言亘古不变。这里是水草丰美土地肥沃的恒河三角洲，印度向西，孟加拉国向东，孙德尔本斯静卧其中，姿态安详。

孟加拉语中，孙德尔本斯意为“最美的森林”。因为气候常年温暖湿润，所以这里降水丰沛，红树林在这里扎根安家。这种生长在泥泞地带的常绿植物，适应能力强得惊人，它们的种子呈尖状，如子弹般穿入地下，垂直扎根于淤泥之中，即便是最猛烈的降水也很难冲走它们。当雨季到来，红树林生长的地带就会被河水淹没，变成真正的海上森林，极其壮观。

坐在森林里唯一的交通工具——小木船上，顺流而下，徜徉在这片辽阔幽雅的原始森林里，这里的一切都是朴实自然的。孟加拉虎安然地匍匐在河岸边，鳄鱼则在河里懒洋洋地晒太阳，梅花鹿轻快地从陆地上奔跑而过，恒河猴在树林间欢快地穿梭跳跃。候鸟扇动翅膀，呼啦啦从人们头顶上飞过，一直飞到海那边去，幻化成星星点点的光斑。河流两边高耸入云的红树林一路绵延，几乎要遮蔽头顶上方的天空。它们就像孙德尔本斯的保护衣，不仅仅是公园美丽神奇的风景，更是这里万物的家园。

对于动物来说，这里永远是它们的天堂；对于人类而言，这里完全是另一个世界。喜

舐犊情深

两只水中嬉戏的孟加拉虎

欢休闲的人，这里是垂钓、运动和摄影的最佳地点；喜欢冒险的人，这里充满大自然的挑战，可以寻找鳄鱼、猛虎、野猪的踪迹。除了猛虎、野猪这一对生死冤家，公园内还有各种各样的水鸟，它们大多是食肉性的海鸟，以捕食鱼虾为生。同样是捕鱼的鸟类，燕鸥和鱼鹰的习性大相径庭。燕鸥常在红树林的水面盘旋低飞，发出有力的鸣叫。目标确定后，它们就像闪电一般飞速冲向水面，长长的喙如同精确制导的导弹，准确命中目标后，迅速飞离水面，在上升过程中，小鱼已经进到它的胃中。而鱼鹰则在水中潜泳捕鱼，有时几只鱼鹰共同制服一条大鱼，然后分享。

河道中来往的船只，多是捕鱼船和运送

◘ 在岩石上休憩的金刚鹦鹉

木材的商船。在孙德尔本斯生活的居民，有渔民、伐木工，还有养蜂人和探险家。在世界上最大的红树林里体会山野的宁静，阅秀美风景，真是一段珍贵的经历。在孙德尔本斯的时光，所有的欲望都被过滤。你要记住的孙德尔本斯，本来就是这样。

美景盘点

野猪

野猪是杂食性动物，只要是能吃的东西，都是它们的食物。但它们在园中的地位就有些尴尬和凄惨了，作为一个濒危物种，自己种群的延续已经相当困难，还要满足猛虎的食欲，实属不易。它们有一身鬃毛还有尖利的獠牙，但命运往往很残酷，白天它们在森林里纳凉时，离群较远的野猪就会成为猛虎的美食。

TIPS

❶最佳游览时间：7—9 月。
❷当地现捕捞的虾类和鱼类是公园最热门的饮食。
❸船只是红树林内唯一的交通工具。

关键词：生态、探险
国别：斯里兰卡
位置：南方省和乌瓦省境内
面积：1259 平方千米

亚勒国家公园

远离尘世的净土

丰富的植被完美地融合拼接在亚勒的版图上，时光流淌过，一幅斑斓的水彩画脱颖而出。

亚勒国家公园位于斯里兰卡的东南部，作为斯里兰卡最著名的风景区之一，自然具有难以比拟的绝美景致。这里堪称有伊甸园的美，布满了广袤的原始森林，风呼啸而过的莽莽草原，落日残痕搁浅在海滩，罂粟花一般美丽却危险的沼泽湖泊点缀其中，更是花豹、野象、黑熊等罕见动物的活动园地。

翠潮迭起的原始森林俨然把亚勒国家公园缔造成了一块碧玉奇石，在微微泛蓝的天空下流光溢彩。丰富的植被完美地展现在亚勒的版图上，阳光像是挣开了缰绳的野马，自由而狂放地穿过了重叠依偎的树叶，落下满地斑驳的光影。森林绝对是野生动物最好的潜伏地，鸟兽在林间穿行，时不时发出独特的叫声，撕破了绿林影壁，在巨大的迷宫里悠长地萦回。

与天空的开阔最为契合的，是铺散开来的草原。草原上无遮无挡，燥热的风肆意迂回、撞击、回荡。强烈的阳光，蒸腾的水汽，让草原的战火拉开了序幕，像是古罗马斗兽场的号角猝不及防地响起来了！猎豹逐鹿草原上，牛群奔腾而过，还有一些看似外表迟钝的动物，目光里却是杀气腾腾。“弱肉强食”的规律在这里上演，血腥的厮杀过后，一切如旧。

美丽高傲的孔雀

原始森林和草原荒地之间横亘着如夜空般深邃的海湾，清凉惬意。海滩自然而然地诞生了，这无疑又是亚勒国家公园里的一抹亮色。海滩上栖息着水牛、火烈鸟等野生

密林中戏水归来的大象群

动物，这也在一定程度上展示了岁月变迁的痕迹。那些慵懒的时光，它们在午后明媚的阳光里聆听着不同时代的对话。湖泊和沼泽缠缚着生机盎然的绿茵，潜藏在绿树繁花的华美荫翳之下。一切都散发着仙境般的灵气，看似平静，却危机四伏，湖面下枯木般的鳄鱼正张开血盆大口，伺机而动。

亚勒像是仙女打翻在人间的梳妆盒，美而精致。古老的歌谣记诵着王国的盛衰荣辱，歌声渐渐湮没，沉落在不曾打扰过帝国喧嚣的亚勒国家公园，这是远离俗世纷争的一方净土。带着一双发现美的眼睛靠近，多角的亮片里有着纷繁风光的缩影，指尖回转，每一个角落都有蕴满生命力的美妙光彩。你是那位善于发现美丽的摄影爱好者吗？那就按下快门，定格这美丽动人的时光吧。

伺机而动的花豹

贪吃的棕榈松鼠

美景盘点

花豹

花豹是亚勒的专属霸主，是“园内三宝”之一。它们是大型的肉食性动物，喜欢在暮色四合时单独行动，习性隐秘，善于攀树，以猴子、松鼠等为食。每一只花豹身上都有不同的斑点，能很好地潜伏在树上不被猎物发现，待猎物在下面经过时，飞扑而下一招致命，霸气十足。

TIPS

❶斯里兰卡城区内有公共汽车，但一般无法直接到达景区。
❷乘坐出租车时，需在酒店前台预订，大约需要1小时左右。
❸煮稻是当地的特色美食，值得品尝。
❹椰花淡酒、手抓饭、各色热带水果等会让游客大快朵颐。
❺斯里兰卡的红茶非常有名，不能错过。

关键词：狂野、大气
国别：肯尼亚
位置：裂谷省
面积：392 平方千米

安博塞利国家公园

天然动物园

山、水、草、树、动物，宜动宜静间，是凡人肉眼无法消受的绝色盛宴。

成群的火烈鸟从湖面上飞起，火红一片

不同于其他湖光水色、奇花异草云集的国家公园，位于肯尼亚的安博塞利国家公园更像是个天然动物园。在湿地上，群鸟翩翩起舞，游弋戏水，组成了一幅艳丽缤纷的百鸟争鸣图。凶悍的狮子和印度豹各自追逐着猎物，在荒原平地上带起黄沙；大象们则拖家带口，在蓝天白云下闲逛，即使遇到游客的吉普车，也仍然悠然自得，不受干扰。为这些鲜活的生命充当舞台背景的则是云雾缭绕、终年积雪的非洲之巅——乞力马扎罗山。皑皑纯白与非洲第一高峰的火辣身形相得益彰，这健壮的非洲小伙舞动着矫健四肢，热情、火辣便在云层中喷薄欲出。它守望着这片生机勃勃的草原，万载不变……

待接近了这片粗犷、辽阔之地，震惊的游人却又被那铺陈的斑斓色逗弄得几乎手足无措。这是一幅浓重的油彩版画。深蓝色天空里，大块飘移的云彩洁白、厚重，荒野、草地、灌木丛林，都色彩分明地向天际线蔓延开去。金光穿透云层，时而灿烂，时而寥落，光影在金黄色大地上缓缓推进，一切都是如此精美、鲜活。只要一眼，便会知道安博塞利正是你想要的。可惜毫无鉴赏力的动物们却不能领会这难得的人间绝色，只顾一路奔跑跳跃，这才使得游人真正相信了自己不是置身于画中。

云雾缭绕的非洲之巅——乞力马扎罗山

这片草原上的生物得以繁衍，其实有一部分得益于当地马赛人。身形修长俊美的马赛人是这片大地的主人，虽然他们骁勇善猎，但代代流传下来的对自然的崇敬，使他们远离狩猎，只在庆典的时候才吃肉。少了来自人类的威胁，安博塞利国家公园真正成为野生动物理想的栖息地。

两只要好的犀牛

蓝天下，成群的角马与斑马驰骋于草原，放肆地玩耍；长颈鹿总是那么优雅，即使穿过游人车旁也是一副气定神闲的超脱模样；羚羊与小鹿总是我见犹怜的柔弱样，但奔跑起来的它们又让人刮目相看；野牛、大象

◘ 成排的火烈鸟站在湖面上，像是在准备跳舞

成群结队地行进，身姿笨拙有力，就这么从流金清晨走向炫色黄昏。若是运气好，还可见到传说中的蓝孔雀与绿翠鸟：一个风姿绰约，天生丽质，缓缓展开的尾翼使得“三千宠爱于一身”；一个嗓音独特，一开口便惊了世人，嗓音婉转如天籁。

带上家人与好心情出发吧，在颠簸旅途中先将那极致景色在心中想象一遍，再走进安博塞利去一一印证。无论如何，这都是一场不该错过的绝色盛宴。

美景盘点

安博塞利湖

每当雨水多的年份此湖就会泛滥，但干旱季节大量的野生动物会在这里聚集。

TIPS

❶最佳游览时间：6—11 月。
❷ 安博塞利的帐篷酒店别具特色，值得推荐。
❸ 乌伽黎是当地很受欢迎的一道食物，不容错过。
❹ 烤鱼、大龙虾、夏威夷果、风味烤肉等也别具特色，值得品尝。

关键词：神谕、天然
国别：印度
位置：阿萨姆邦
面积：450 平方千米

卡齐兰加国家公园

一片神谕福地

这神谕气息浓厚的丰美之地，正是日日夜夜流淌在雅鲁藏布江上的锦瑟年华。

◘ 犀牛漫步在夕阳下，像是一幅皮影画

古老的传说在这一片水域悄悄流淌，启明星缓缓升起，如同神谕，在天空之上又拉出了无限空间，这些空间，便是卡齐兰加创造神话的凭据，美因此在这里被赋予了几分神力。这是卡齐兰加——雅鲁藏布江沉积平原上的野生动物王国。印度卡齐兰加公园就是一片草的海洋，大象似船一样在草地上滑行，老虎则躲在阴影中。雨季来临时，有四分之三甚至更多的土地会被雅鲁藏布江的洪水席卷，那些茂密的草地和森林远远看去犹如水草，在一片荒洪中独自招摇。大象等动物便会向南方迁移，以躲避卡

公园内安闲的大象一家

齐兰加国家公园每年的洪水泛滥。但雨季过后，卡齐兰加便恢复了之前的丰茂，溪流环绕森林，湖泊点缀其中，野生动物们在公路旁悠闲地散步，游人如织，一片繁化似锦。

众多水体积聚了丰富的养料，再加上空气湿润，成千上万的候鸟即使远在西伯利亚，每年也会季节性地光顾这里。这些鸟类在沼泽、湖泊、森林里婉转歌唱，稍作休息停留，为它们的再一次长途跋涉做准备。此刻的卡齐兰加看上去更像一场盛大的派对，以天为幕，可以在树下席地而坐，呼朋引伴，好不酣畅！

由于地域广博，进入卡齐兰加，还未将身心放松，一天便快要消逝，夕阳在水天相接处留下一整片华彩云带。卡齐兰加的生物们没有了白天的躁动，开始进入一种悄然无声的安息状态，因为过于安静，所以周遭的一切都显得有点儿不真实，山山水水都像是某种幻境。雅鲁藏布江平静地在脚下流淌着，

湖边散步的犀牛母子

◘ 独自觅食的独角犀牛

水面空阔，波光粼粼，那些细碎的波光像液体的金子，一直绵延到目光的尽头。长臂猿在林间悄然摇荡，你刚想抬头捕捉它的身影，却发现头顶上有片巨大的树叶在轻轻摇晃；沼泽鹿、拱鹿以及印度麂难得地露出它们健美的身姿，却只一瞬便消失无踪；沿途而下的河流中，水牛和独角犀牛安然相处，这些懒洋洋的家伙，若不是为了吃食，它们会一直在水里泡着不出来；印度象却很温驯，游人可以披着芭蕉叶当遮阳伞，坐在印度象身上，优哉游哉，细细品味这美景。

离开卡齐兰加的时候，你的心是满满的，因为你刚刚走过的，是一片神谕福地。

美景盘点

独角犀牛

卡齐兰加国家公园素来以世界上最大种群、最多数量的独角犀牛著称于世。这种犀牛头顶一只独角，活像独角兽的“简装版”。它们是陆地上仅次于大象的第二大动物，平日它们会悠闲地在公园里散步，而更多的时间则是待在水塘里，只露出黑黝黝的一双眼睛，窥视着进入此地的人类。

TIPS

❶公园在每年的 11 月至次年 4 月对外开放。
❷ 请品尝一下原汁原味的阿萨姆人香蕉花饭和红咖喱鱼，味道不错。
❸ 在旅团缓冲区下车时，请穿上及膝长袜，在雨季前后，会有很多水蛭。

关键词：生命、魅惑
国别：肯尼亚
位置：内罗毕东南方
面积：20700 平方千米

察沃国家公园

狂野的非洲

有学者说，肯尼亚是人类最早的家乡，人类在这里进化，并迁移到世界各地。

睡懒觉的野猪

肯尼亚察沃国家公园是全世界最大的野生动物国家公园，由东察沃与西察沃两部分组成。东察沃是一望无际的大草原，被人称为野生动物“生命之水”的加拉纳河拦腰截断。可惜的是，这里是科学家们研究自然的基地，不对游人开放。而似乎为了弥补人类的遗憾，西察沃汇集了察沃国家公园景色最精彩的部分。

园内狮子、猎豹灵巧出没，游人可投宿树上酒店，于夜色中尽情窥探，卸下防备的精灵世界，此刻正是一片安详平静，展现出不同的非洲气质。

引人好奇的还有一棵传奇的阿拉伯胶树，它顽强地扎根于这荒芜的非洲旷野上，狂风撼不动，时间摧不垮。树下有无数的生命脚印朝拜而来，或狐狼或野牛，或祈祷或忏悔。仿佛天地苍茫中，独剩这一棵顶天立地、被恭敬地称为“生命之树”的图腾，这也正是它们的最后信仰。在察沃，每一个生命都被平等地对待，生命之树、生命之水永远庇护着这里的所有生灵。

察沃国家公园是野生非洲象的聚集地，两万多头非洲象生活在这里。这里的土壤多是红土，河床中的淤泥也是红色的，在水中嬉戏的动物经常被泥土染成红色的皮肤，可以看到红色的黑犀牛、红色的野象。棕榈树在火山泉的浇灌下茂密地生长，为黑犀牛提供了丰富的食物和绝佳的栖息地。每天清晨和傍晚，这些犀牛就会出来觅食、喝水。白天的时候，它们在棕榈林中慵懒地晒太阳或者在泥浆里打滚儿。这些庞然大物非常懒惰，脾气也很差，经常会莫名其妙地攻击游人的车辆。黑犀牛喜欢独处，虽然大部分时间两

■ 水源是动物出没的中心

只雄犀牛能在一个泥塘中共享美好的泥浴，但利用巨大的吼声驱赶同类的现象也经常发生。与黑犀牛恰好相反的是大象，它们总是成群结队地出现以抵御狮子、猎豹的袭击。红土草原仿佛有一种独特的韵味，尤其是日落时分，土壤与晚霞一般的颜色，让人分不清天地的界限，仿佛置身云端。

对于久居城市的人们来说，走进察沃近距离观察野生动物，确实是种难得的享受。人们整日被困于水泥围墙中，不知失去了多少最原始的志趣，蔫嗒嗒的狮子、不耐烦的大象、被锁住的老虎都只会发出病猫般的低吼。与其隔着细密的铁笼与大自然表示“亲近”，倒不如驾车来察沃，急驰于莽莽草原上，和雄狮、猎豹们来一场放肆奔跑，无论输赢，只为纵情过后，嘴角边那一丝微笑的绽放。

虽然车在飞驰，但天地仿佛已经静止，草原上的生命之树像守望者一样等待着需要乘凉的动物，更等待远方而来的游客。繁杂的世界在这里异常宁静、异常公平，不论你是谁，你都是天地间渺小的个体，被它拥抱在怀中。

马赛人的欢迎仪式

岸边斑马野牛成群，壮观而美丽

美景盘点

生命之树

在察沃国家公园里有一棵“生命之树”，它是一棵阿拉伯胶树，尽自己所能庇护着这里的生物。树的四周满是野生动物的足迹，它们或许是来树下乘凉，或许是来啃食树叶，或许是趴在树上等待猎物……总之，它们和这棵树或多或少都有情谊在。

姆齐马涌泉

姆齐马涌泉，泉水来自远山，在地底潜流 48 千米，然后在这里的干燥熔岩地区中喷薄而出，每日水量达 22 亿升，蔚为奇观。

TIPS

❶最佳游览时间：12 月至次年 3 月。
❷炭烧烤鱼和烤肉是肯尼亚的特色美食，不容错过。
❸察沃国家公园内有专门露营的地方。
❹若选择住宾馆，需提前预订。

关键词：奔放、火热

国别：赞比亚

位置：赞比亚中西部，卡富埃河右岸

面积：22500 平方千米

卡富埃国家公园

炽热的非洲

行走卡富埃，踩着热情欢快的鼓点，享受征服与被征服的刺激畅快。

独具特色的宾馆

火热、黝黑、原始、奔放，和着欢快的手鼓，这便是你脑海中的热情非洲。在赞比亚中西部，就有着这样一处名为卡富埃的欢乐之地，炽热的非洲大地在这里露出健壮、宽阔的黑色胸膛，将珍贵、热情与梦想在太阳下释放。卡富埃国家公园是游客必到的著名旅游点，是赞比亚最大的野生动物园。这里的野生动物种类丰富，有野牛、羚羊、野鹿、斑马和狒狒等，还有600 多种鸟类，狮子和豹也时常出没。美丽的花草树木也是一道亮丽的风景，许多花草是此地区特有的。

走进卡富埃，那一片耀眼的金色光芒直射而下。太阳肆无忌惮地在这里普照，将一

河岸上懒洋洋打盹的河马

切觊觎的念头与心思晒得分毫毕现。辽阔的草原上，象群慢悠悠地迈着步子，野牛却天生热情奔放，羚羊挺起骄傲的胸脯矫健登场，调皮的野鹿追逐着阳光，鸟儿在天空展翅飞翔，狒狒从原始森林中探出了头。在这里，你会被征服，被这简单、快乐的大自然征服。此刻，太阳仍在上空肆虐，热风夹杂着燥热的草香与尘土扫荡过鼻翼，被征服的游人，不顾一切地想要融入这片充满野性的欢乐海洋中，但来自野兽虎视眈眈的目光将他们拉回车内，饥饿的猛兽潜伏在四周，等待着被迷惑了心智的美味自入虎口。

然而卡富埃并非处处都是如此拒人于千里之外。比如贯穿公园蜿蜒 240 千米的卡富埃河，就如同活泼开朗的邻家小妹，为路过

挺立于丛林中的参天大树

眼神中透露着好奇的水羚

这里的每一个生灵奉上清凉甜美的甘泉，将花草林木灌溉得葱郁繁盛，惹人遐想。若在河边垂钓，各种鲜鱼都会争相上钩，即使是不会钓鱼的饕餮客也能获得满足感。垂一杆钓钩悬于河上，优哉游哉便是半日好时光。

若是这样还嫌不够刺激畅快，便可携一支猎枪，纵横驰骋于草原上，想象着真正的猎手是如何厮杀追捕的。搜寻、追逐、瞄准，动作一气呵成。不过，涸泽而渔的道理让他们浅尝辄止。虽然只能于指定区域内捕捉羚羊与野猪，但瞬间的征服快感也足够让激动的心灵长时间震颤不已。

就这么宠爱自己一次，把疲倦的身与心交付于空旷天地间放肆一回，和着弥久不去、缠绕灵魂的非洲旋律，一路呼啸驰骋，直至大地深处。

美景盘点

卡富埃河

卡富埃河在园内长只有 240 千米，发源于北部边境山地，河中有多种鱼类，游人可在此进行垂钓。其大部分河段坡平流缓，两岸地势低平，有著名的卢坎加沼泽和卡富埃低地。下游穿切峡谷，20 千米内落差达 580 米，建有卡富埃坝。

TIPS

❶猛兽出没时，游客不能下车拍摄。
❷ 切不可对着女人、小孩等拍照，赞比亚人认为这是莫大的耻辱，还可能被抓进拘留所。
❸ 早晚温差很大，旅行要携带保暖衣物。

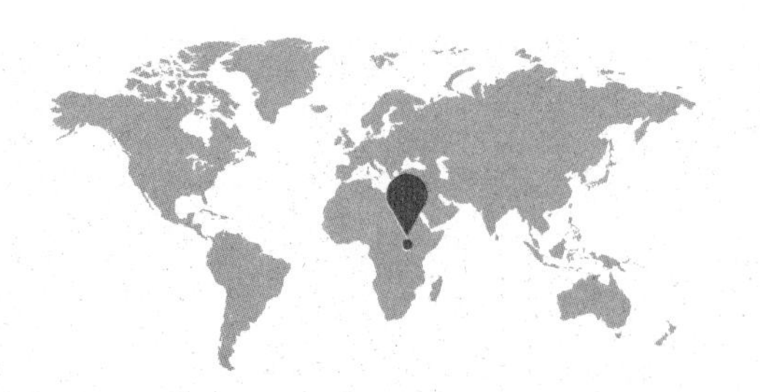

关键词：广辽、野性

国别：刚果

位置：基伍湖畔的戈马市北部

面积：7800 平方千米

维龙加国家公园

原始的野性

仿佛是来到了人迹罕至的异世界般，一切都充满了野性和原始的味道，绿色的气息是这片大地有力的生命脉动。

云雾缥缈的维龙加山脉周围的景色

在广袤的非洲大地上，东非大裂谷就像是一条深长的伤痕，霍温第河像是绵延不绝的“悲伤之泪”，汩汩地流淌着。然而在这个极富有沧桑和破碎感的地带，却孕育着一块神奇的充满生气的地方——刚果维龙加国家公园。清晨，雾气还未散尽，热情的非洲阳光早已穿过云层，金光四溢。拔地而起的峻峭山体轻轻用洁白云朵擦拭蔚蓝色的身躯，于是，混沌退去，轮廓尽显；于是，群山苏醒，万物争鸣，慷慨的维龙加山在此巍峨耸立。

来到维龙加国家公园，你会被这块大地上丰富多彩的地貌所吸引。茂密的森林里古树参天、盘根错节，湿热的气息里隐约能听见各种动物低低的吼叫声。霍温第河蜿蜒而过，旁边是巍峨的鲁温奏里山，山顶冰雪

◘ 温馨的母子

终年不化，像是顶圣洁的纯白桂冠。火山顶上的湖泊由于地热，看上去云雾缥缈，恍若仙境一般飘浮在空中，若隐若现，让人心生喜悦，感受着人类和自然的相融相依，感受着大地的无限神奇。无论是平静的艾伯特湖，还是幽深颀长的塞米里奇河谷，抑或是被绿色环抱的鲁温奏里山，让人走到哪里都不觉得疲惫，看到哪里都不会觉得厌倦，每一处都是焕然一新的景色。

这里是《狮子王》中辛巴辛勤统治的草原王国，平和静美中仍有忠实的疣猪相伴左右。金黄草地上、热带稀树群里有碧蓝湖水，野牛环绕，角马与黄羊悠闲地在草原上终日闲逛，狂奔不止的是活泼的羚羊与斑马，而憨厚的河马则与大象结伴在河边晒太阳。

这里也是“人猿泰山”的快乐殿堂，不老的“泰山”依旧和大猩猩朋友游荡于这片自在丛林。狒狒与猴子在远处为“泰山”的宴会呼朋引伴，鹧鸪、鲸头鹳、鸣鸟和美丽的画眉欢快地在低海拔的热带森林里放声歌唱，群鸟自天空飞过，没有留下丝毫痕迹。极目所至，到处洋溢着一片澎湃的生命美。

美洲霸气，欧洲斑斓，亚洲秀美，似乎

尼拉贡戈火山湖壮观的景象

只有非洲总是带着一种刚烈的悲壮之气。受卢旺达内战的影响，大量难民躲入这片幽秘腹地，慷慨的维龙加无私地接纳了这群流离失所的人。但因为这里过于富庶肥美，便被贪婪觊觎，无耻的偷猎者总对慷慨的维龙加为所欲为。疲惫的动物们只有迁徙、再迁徙。据说，人们领悟生活，最有用的正是矛盾定理。譬如，没有黑的衬托便无法领略白的光彩，没有承受过痛苦的折磨便不理解欢乐的意义，没有品尝过苦涩便没有资格对甜蜜评头论足。同样，维龙加也是这样一个地方，人类只需于园内徘徊思忖，一个个关于毁灭与珍惜的故事便能引人深思。

美景盘点

尼拉贡戈火山湖

尼拉贡戈火山的熔岩湖被称为“魔鬼高炉”，是非洲大陆的一大奇观。火山坑边缘海拔约 3414 米，熔岩湖深度达 339 米，在全世界熔岩湖中是最大的一个。岩浆时不时翻腾出湖面，一条红色的光带就此形成了。夜晚的熔岩湖景色格外迷人，漆黑的夜色将火红翻滚的岩浆衬托得鲜艳夺目。游客可站在火山坑的高点边缘，观看这璀璨的景色。

TIPS

❶最佳游览时间：5—9 月。

❷维龙加国家公园横跨卢旺达和刚果两个国家，因此可以吃到不同的美食，刚果的龙乌马、卢旺达的香蕉、乌干达人的香蕉宴都值得品尝，鲜美的罗非鱼和非洲肺鱼也是不错的选择。

关键词：生机、野趣
国别：纳米比亚
位置：库内内区
面积：22270 平方千米

埃托沙国家公园

非洲最大动物保护区

浩瀚的土地上，不计其数的动物在这里生存、捕食、繁衍、衰亡，就好像正在上演一部现实版的《动物世界》。

狂风呼啸，卷起漫天沙粒，掠过巨大发红的裸露岩石，尘土漫天。低矮的灌木丛，发黄的野草稀稀落落地散布在大地上，似乎总是一副萎靡不振的样子，如此贫瘠荒凉，很难想象这个地方会有生命的痕迹。然而，这里并未遭到人类的污染，而且栖息着大量的野生动物。在这片荒原上，无数生机勃勃的生命正在上演着各种不同的故事。这里就是纳米比亚埃托沙国家公园，非洲最大的动物保护区之一。

“埃托沙”在奥万博语里的意思是“白色干水之地”，名字来源于公园内这片巨大的盐沼。在很久以前，这里是个巨大的湖泊，湖面波澜壮阔，而现在只有到了雨季才有湖水。每年 5—10 月的旱季，盐沼的水都会被蒸发掉，只剩下一片灰蒙蒙的白色盐皮，因为湖底残留着不少藻类和矿物质，所以会显现出一种淡淡的色彩，如同一片被热带稀树草原包围着的白色梦幻沙漠。而到了每年 12 月至次年 3 月，盐沼四周布满雨水塘，

形态优美的犀鸟

因口渴来湖边喝水的斑马

给生存在这里的野生动物提供了源源不断的水源，数以万计的野生动物迁徙而至。当旱季到来时，盐沼变得干涸，动物又会再次迁徙，在盐湖表层留下无数脚印，延伸到遥远的地平线。与此同时，盐沼上干燥的矿物质随风飘散，使公园周围的土地异常肥沃。

随着车轮轧过漫漫黄沙，带着西非烙印的各种动物展示着它们独有的魅力。成群的斑马和羚羊踏着轻快的步子，优雅地驰骋着；鬣狗在贪婪地吞食着某只大型动物的腐尸，头顶则盘旋着凶狠的秃鹫群；长颈鹿在树林里悠闲地嚼着树叶，尾巴甩来甩去甚是得意；饥饿的猎豹隐没在枝繁叶茂的树梢，蓄势待发准备接下来的致命一击；远处的黑犀牛在泥地里打着滚儿，驱赶着成群的蚊子；而更远处的象群正在漫步，巨大的脚掌扬起漫天的灰尘。

当然，羽色各异的鸟类也相当壮观，火烈鸟羽衣的粉红色有深有浅，显得斑斓绚丽；修长的双腿倒映在水中，好像把火烧到了湖底，它们的两翅不时轻舒慢抖，在湖面掀起道道红色的涟漪。而成千上万只火烈鸟集聚在一起，一池湖水顿时被映照得通体红透，成为一片烈焰蒸腾的火海。在清风微凉的早晨，你甚至还能听到伯劳鸟和金丝雀的歌唱。

集体休憩的秃鹫

在埃托沙国家公园内，人工修建的供游客住宿的营地位于一个独立的半岛上，因其地点不在旅游开发区，因此周围安静、质朴，与周围环境和谐相融。营地所有房间均建在木头甲板上，茅草屋顶、帆布墙、木框门，浓郁的非洲风格一览无余。房间内装饰着有当地特色的艺术品，用金属与木头营造出当地民族特色。在这里还可以欣赏到埃托沙盆地美景，观看海市蜃楼，欣赏日出日落，感受宁静与空旷，欣赏美丽的夜空，体验狂野的非洲。

美景盘点

奥考奎约水塘

奥考奎约水塘位于公园南部，是另一个生命之源的所在，据说水塘是在远古时代由洪水冲积形成的。对于嬉戏饮水的野生动物来说，这里无异于另一个天堂。来这里饮水的黑犀牛尤其多，它们并排站在水塘边，头略微碰到水面，并用灵活的上唇将水吸进嘴里，发出“扑哧扑哧”的响声。

TIPS

❶最佳游览时间：夏季。
❷炒蚂蚁、辣椒牛肉浓汁汤是当地的特色美食，不容错过。

关键词：无垠、热烈
国别：哈萨克斯坦
位置：阿斯塔纳市西南
面积：2589 平方千米

可干尔赞恩国家公园

动物的游乐园

可干尔赞恩总以它独有的幽僻，包容着这世间最喧闹的人心。

山间自由奔跑的马匹

哈萨克斯坦北部位于大陆深处，远离湿润的海洋，夏季通常炎热干燥，而冬季严寒且漫长。在首都阿斯塔纳市西南 130 千米处，有一片国内最大的自然保护区——可干尔赞恩国家公园，这片中亚草原与群湖区域，是不受外人打扰的僻静之乡，近 200 万只鸟及 40 多种哺乳动物在此栖息繁衍。

春季的可干尔赞恩无疑有着一份摄人心魄的美丽，温和的阳光轻抚着可干尔赞恩的平原，广阔的草原披上新春的绿色，冰封的湖面开始融化，覆雪的草甸逐渐解冻，清澈见底的小溪流潺潺地涌动，生机勃勃。当地居民都会骑着马，唱着歌谣在草原上策马奔腾。健壮的骏马奔驰在宽广的草原之上，惊飞原本悠闲自在、踱步消食的鸟群。还有成片的黄色花朵点缀在一个个山坡之上，一眼望去颇有一股“金黄一片花如海，千株万株迎风开”的韵味。

公园内最可爱的要数“小地精”—— 土拨鼠，经过身居地下不吃不喝的漫长冬季，春季叫醒了酣睡着的小家伙们，一个个顶着脑门的湿泥小心翼翼地探出头来，闪着灵动的眼睛四处张望。看似笨拙的身体在确定处境安全之后便迫不及待地蹿出洞外，接着便是毛茸茸的小脑袋一个个地探出，一个家族的成员全部出洞，一起抖动着身上陈年的泥土，沉溺在第一缕阳光的温暖之中。它们拖着那条可爱的尾巴，挥动自己短短胖胖的爪子寻找着它最爱的食物。进食的时候长长的门牙裸露在外，呆呆傻傻的样子相当讨人欢喜。若是能一直这般无忧无虑、痴痴傻傻的便也是萌到极点，偏偏它又是那么机警，不仅经常察看周围情况，还有专门放哨的小兵，一有动静，立刻躲入花丛中。在天敌草原雕入侵时，土拨鼠便会大声喊叫以提醒同伴。它们发出吠声、尖叫声和叽叽喳喳的声音，构成了一种复杂的交流形式。

辽阔的草原注定不会是土拨鼠的，到了夏季，每日晨昏，辽阔的草原上便会出现高鼻羚羊的身影。高鼻羚羊在夏天毛发短，而在冬天则毛长而密，全身几乎都是白色或米白色。角呈琥珀色的半透明状，向阳光透视，角内没有骨塞的部分，中心有一条扁扁的角形小孔，直通近尖端，俗称“通天眼”，质地坚硬，不易折断。这般让人怜爱珍惜的稀有动物高鼻羚羊，显然喜欢在可干尔赞恩平原之上悠闲地散步，享受这儿的干净与安详。它们酷爱草原鲜嫩的青草，喜爱在草原疾驰飞奔的快感。可见，可干尔赞恩无疑是夏季动物们的游乐园。

这里是一处忘忧净土，没有车水马龙，没有喧嚣吵闹，只有一望无垠的草原，静谧流淌的湖泊和自然的魅力。

美景盘点

田吉兹湖

田吉兹湖像一匹蓝色的绸缎平铺在幽静的可干尔赞恩，但若只是这般单色纯净未免过于平淡。碧色的湖面上似乎总是浮动着条条红色的缎带，那便是粉红色火烈鸟，如落英在挽留逝水，似朝霞在拥抱碧池，给幽僻的可干尔赞恩平添了几分优柔妩媚的韵致。

吃胡萝卜的土拨鼠

TIPS

① 最佳游览时间：5—10月。
② 园区内不允许露营，若想居住在园区，需提前预订。
③ 当地的特色美食“金特”味道独特，不容错过。
④ 手抓羊肉值得品尝。

关键词：古老、和谐

国别：澳大利亚

位置：文森特海湾入口

面积：4405 平方千米

坎加鲁岛国家公园

邂逅心灵的静谧

轻松悠闲地漫步在这古老的大地上，不时会有夹杂着麦穗清香和温暖阳光的海风迎面吹来，轻抚脸颊，那一刻，应该是嗅到了大自然的味道。

海风吹拂着海边的草丛，蔚蓝的海水泛着金光，给人一种浪漫氛围

坎加鲁岛又称袋鼠岛，位于南澳大利亚州圣文森特海湾入海口，是一座与世隔绝的神秘孤岛，也是南澳大利亚最著名的旅游景点之一。袋鼠岛一半以上的地方是草木茂盛的野生地，四分之一的面积被定为国家公园、保育公园和自然保护区，有多种保育动物在这里栖息。

这个岛屿经历过探险家的发掘，经历过殖民地的悲惨命运，历经风雨，满载厚重的历史。岛屿的田园牧场里饲养着许多动物，有憨傻的羊驼，浑身带刺的刺猬，还有可爱的袋鼠幼仔。

壮丽的海岸风光是坎加鲁岛的另一大魅力所在。站在高高的海岸上，俯视着一望无际的大海，感觉是那么辽阔。海浪不时地拍击着岸边，充满了原始生命力。海岸刺槐、山龙眼和茶树密布，并且一直延伸至隐蔽的海滩。

海豹湾是坎加鲁岛令人惊叹的又一大奇观。它虽然名为“海豹”，却是以其庞大的稀有动物群——澳大利亚海狮群而著称。海浪有节奏地拍打着岸边的嶙峋怪石，明媚阳光下，巨石黑亮，令人炫目。肥硕的身躯懒洋洋地趴在眼前的岩石上，灰黑的保护色让它们很容易避开人们的视线。随后，横七竖八蒙头大睡的，三五成群谈情交欢、追逐嬉戏的，白色的沙滩上到处是它们可爱的身影。它们极其通人性，游客漫步在它们其中，它们表现得相当大度，当面对游客的镜头时，会不自觉地摆好姿势，非常合作地为游客呈现一幅生动的图画。

灯塔映衬着漫天红霞，美轮美奂

作为“原住民”的袋鼠也不甘示弱，它们非常善于跳跃，在辽阔的草原上一次次腾空跳跃，等它们落地时已是在 10 米开外的地方，留在空中的是它们划过的美丽抛物线。除了可爱的袋鼠，当然少不了嗜睡的考拉，它们每天要睡 19 个小时左右，是典型的“睡觉大王”。它们用尽一生的时间和树为伴，走在坎加鲁岛上连绵起伏的桉树林间，经常会看到用四肢紧抱树干、正在呼呼大睡的考拉。待秋季树叶凋落，树干光滑，大睡的考拉一不留神就会跌落下来，摔个“底朝天”。不过，可爱的考拉落地之后，会慢慢爬起来，然后睡眼惺忪，晃晃悠悠地再爬到树上，换一根树枝接着做梦。

坎加鲁岛上还有一种独一无二的脊椎动物，一种小型有袋类食肉动物——袋鼩。别看它们身子小巧轻盈，对于领土问题却是丝毫不退让，倘若发现有新的领地未被占领，它们为了扩大自己的地盘，便会去竞争这块领地。因此，在坎加鲁岛上随时都可以看到激烈争斗的袋鼩。可惜的是，袋鼩的生命短暂，大概只有一年的生活光景。

袋鼠是这里的主人

■ 穿过非凡石看大海，别有一番趣味

此外，坎加鲁岛还是在南澳大利亚濒临灭绝的辉凤头鹦鹉最后的栖息地。这里还有世界上仅有的三种生蛋的哺乳动物之一——鸭脚兽。让这美丽的地方继续美丽下去吧。

美景盘点

非凡石

袋鼠岛海岸线上最漂亮的就是非凡石，这些巨石的内部大都被海水掏空，呈现出奇形怪状的样子，有的像巨型象，有的像张望的大猩猩，有的则像胡须冉冉的老人，最高的非凡石有十几米，当游客站在石头底部，定会为这庞然大物感叹。

灯塔

在袋鼠岛的最东端，有着澳大利亚最古老的灯塔——威洛比角的灯塔。塔高 27 米，蓝色的大海和天空映衬着白色的灯塔，极其显眼。灯塔的建立最初是为船只提供导航，如今还在使用，游客可以站在灯塔上眺望壮观的海面。

TIPS

❶最佳游览时间：9 月至次年 4 月。
❷ 风味馅饼和蛋糕、新鲜的各式海鲜、威洛比角的葡萄酒、金斯科特的蜜糖和乳酪都别具风味，不能错过。

关键词：沼泽、野趣
国别：巴西
位置：马托格罗索州南部潘塔纳尔湿地
面积：1350 平方千米

潘塔纳尔马托格罗索国家公园

地球之肾

虽然潘塔纳尔不是你人生的必经之地，但绝对是你生命中最美的一笔。

潘塔纳尔马托格罗索沼泽是世界上最大的湿地，总面积达 24.2 万平方千米。如果说亚马孙雨林是“地球之肺”，吸收二氧化碳，制造氧气，那么潘塔纳尔就是“地球之肾”，清澈的河流像青丝编成的辫子一般浓密，随河水而来的有毒物质进入湿地后，立即被大自然自净系统迅速分解，营养被植物吸收。在我们生存的地球上，这个巨大的沼泽湿地如同钻石一样珍贵。位于巴西境内的潘塔纳尔湿地部分被划为潘塔纳尔马托格罗索国家公园并加以保护。

因属于热带季风气候，分明的干湿两季也为这里带来了截然不同的景观。每到雨季，这里便成了一片汪洋，高大的树木只露出圆形的树冠，矮小的灌木早已被水淹没。游客乘船在水面前行时，可以看到许多鳄鱼在水中游来游去。当旱季到来时，水位开始下降，留下无数形状、大小各异的湖泊，小动物在陆地上跑来跑去，鳄鱼会爬上岸来，在水边的泥巴中“潜伏”，只露出两只圆圆的眼睛和鼻孔，慵懒地享受着阳光。草场上白色的

成群结队的鳄鱼匍匐在水生植物中

牛群像飘浮的白云，低头认真地吃草或者闲散地溜来溜去，处处显得平静、祥和。

虽然很多地方都可以看到鳄鱼，但如此繁多的鳄鱼恐怕只有在潘塔纳尔才能看到。在潘塔纳尔沼泽中生活着 1000 万只凯门鳄鱼，它们和中国的扬子鳄同属短吻鳄科。凯门鳄最明显的特点是在眼睛的前端有突起

▫ 粉色豆木花开得正艳，就连凯门鳄都很喜欢

的横骨嵴，和眼镜架很像。凯门鳄体形很大，身长能达 2.5 米。凯门鳄的冤家——森蚺也不能少，它是世界上最大的蛇类动物，对于它们而言，沼泽中没什么动物是不能吃的，只要小动物被它们缠住，就会被勒死，随后就会被它们整个吞下去。刚出生的森蚺只有不到 1 米，虽然孵出的小蛇很多，但经常被凯门鳄吃掉。但当森蚺成年后，似乎像寻仇一样会把 2 米多的凯门鳄勒死再吃掉。鳄鱼和巨蛇就这样一代代纠缠下去。

公园内还能看到美洲豹。人们熟悉美洲豹可能是因为那一辆辆经典的美洲豹跑车。这种既像虎又像豹的猫科动物性情凶猛，靠

▫ 体形最大的蛇——森蚺

◘ 水生植物漂浮在水面上，像一片片绿洲

捕食林中的小动物为生，甚至很多鳄鱼都沦为美洲豹的盘中餐。除了这些凶猛的野兽，丛林中还有很多比较可爱的小动物——水獭，昂贵的动物——蓝紫金刚鹦鹉，潘塔纳尔沼泽的象征——鹳，足以让人一饱眼福。

无论是在雨季还是旱季，潘塔纳尔沼泽都非常适合游览。每年12月至次年的5月是潘塔纳尔的雨季，泛舟水上，鳄鱼在水中游来游去，鸟儿从低空划过。游人可以用肉做诱饵，从水中钓到食人鱼。钓食人鱼非常简单，在鱼钩上拴一块肉，放入水中，很快鱼就自己上钩了。如此怡然，岂不美哉！

美景盘点

潘塔纳尔湖

潘塔纳尔湖的景色着实令人惊叹，参差不齐的树木环绕湖泊，形态各异的水草在水中肆意生长，在浅水区，湖岸披上了厚厚的水草毯，成群的水鸟来此饮水觅食，嬉戏打闹，千姿百态，生动有趣。

TIPS

❶食人鱼是当地的特色菜肴，味道鲜美，深受人们的喜爱。
❷以玉米为主的主食会带给你不一样的味道。

关键词：优美、神秘
国别：巴拿马
位置：达连省与哥伦比亚交界处
面积：5970 平方千米

达连国家公园

珍稀动物的家园

远古的声音悠悠回荡，古老的部落族人在朝霞中摇曳着舞姿，在夕阳中打起了手鼓。

在小小的茅草亭里吹吹海风，很是惬意

达连国家公园坐落在巴拿马东部边境炎热潮湿的热带雨林区，砂质的海滩、岩石林立的海滨、红树林、淡水沼泽地、棕榈阔叶森林沼泽地带、潮湿热带雨林应有尽有。从空中俯瞰，达连国家公园宛如在海洋与陆地的交会处铺展开的翠绿绒毯，煞是华美。在这丛林的巨大荫庇下，达连沉睡千年，鲜为人知。直到 1960 年，探险家阿马多·阿劳斯率队来到这后才逐渐揭开了它的神秘面纱。

白浪拍岸、海风徐来，沙滩与岩石海岸已经足以让人尽情领略大海的别样风情，幽美僻静的红树林，曲折幽深的海湾更令人迷醉。达连国家公园内少不了珍稀动物，这里栖息着木狗、大型食蚁动物、虎猫、水豚、夜猴、嚎猴、蜘蛛猴、美洲豹、貘以及美洲凯门鳄等野生动物。

其中蜘蛛猴绝对是达连国家公园内的最有趣物种，远望像大蜘蛛，细长的尾巴盘踞在树上，荡来荡去。它们的尾巴像手一样可以采摘和拾取食物，尾巴之灵活，在悬猴科中堪称冠军。蜘蛛猴常常倒挂着睡觉，即使睡熟了，它们的尾巴也不会脱落。因此，蜘蛛猴的尾巴被称作它们的“第五只手”。

葱郁的丛林，清澈的河流，成群的飞鸟盘桓而过，只留下被惊醒的茫茫苍穹，这里绝对是观鸟者的天堂。提到达连国家公园的鸟，就不得不提巴拿马国鸟哈比鹰。它的名字源自希腊神话的哈耳庇厄，哈耳庇厄是种人面鹰身的怪物，负责将死人带到哈底斯面前，是神用于行使最残暴的惩罚的工具，故哈比鹰又称“女妖鹰”。这种凶猛的鸟儿

千姿百态的植物围绕着碧波浩瀚的大海，为达连增添了几分神秘色彩

是肉食性动物，它们的爪极其强壮，可以抓住猎物，就连超过其体重四分之三的物件也会被它们轻易抓起。它们在空中盘旋时寂静无声，所以大多猎物都是在毫不知情的情况之下毙命于“女妖鹰”的利爪。

风轻云淡，偶尔抬头，寂寞的天空被成群的深红色金刚鹦鹉染出一片苍凉的红。这群色彩缤纷的鸟儿是达连丛林中当之无愧的美人。除了美丽的外表，以及拥有巨大的力量外，金刚鹦鹉还有一种功夫，即百毒不侵。或许是这诸多绝技使金刚鹦鹉成为寿命可达 80 岁的长寿鸟类。

沙滩与岩石海岸足以使人尽情领略海风徐来、白浪拍岸的大海景色

在大树下看大海，清凉舒适，一举两得

达连这片绿地的历史在人们发现它以前便已经延续了千百年，仍有残存的遗迹记录着古印第安人生活过的痕迹。如今也只有乔科和库纳两个古印第安部落仍居住在这里。多少年来，乔科人和库纳人一直在丛林中过着平静而自给自足的部落生活，正是这种与世隔绝的生活状态让古老的文化传统沿袭至今，土著民遗迹和那些多彩的土著文化，让这片土地的气氛凝结起来，愈显神秘。这是一个神秘的部落，奇异的光芒吸引着成千上万的人向它迈进!

美景盘点

水豚

水豚是世界上最大的啮齿动物，活动在公园的沼泽地一带。它和老鼠的血统极为接近，被叫作“没尾巴的大老鼠”，可是比老鼠要大得多，体形近于家猪。水豚一生逗留在水边，它们有着极好的“潜水”本领，能在水下潜游好几分钟。机敏是它们的天性，一遇到敌人就会迅速潜入水中逃跑。

TIPS

❶巴拿马酒店繁多，最具当地特色的是海边酒店。
❷桑科乔是巴拿马人非常喜爱的一种食品。

关键词：粗犷、变化
国别：马来西亚
位置：沙巴州西海岸
面积：754 平方千米

基纳巴卢国家公园

神奇而美丽的导航灯标

从热带雨林到高山条件，从陡峭的地形到多种地质，加上多变的气候，这里的一切都为新物种的孕育提供了充分的条件，可以说世界上再也找不到这样一个植物的生态汇合地。

位于沙巴州首府基纳巴卢以东 93 千米的基纳巴卢国家公园，是马来西亚六大国家公园之一，也是沙巴州最受欢迎的国家公园，又名“神山公园”。

被称为“神山”的是东南亚最高的山峰——基纳巴卢山，它海拔 4101 米，因地质的作用至今仍然以每年 5 毫米的速度在抬高。传说古代有位忠贞的中国妇女，日夜到高山守候丈夫归来，当地人感其深情，又名之为“寡妇山”。“舒特拉保护区小屋”是当地一家旅行公司，为游客提供住宿预订和向导服务。在基纳巴卢山，由有资质的向导陪同是必要的安全保证。在趣味无穷的动植物、粗犷刚强的山石、优美的热带雨林风景的伴随下，登山人可通过登山道在两天内到达顶部。登山前最好准备好登山工具和足量的饮用水，如果要在山上住宿，需要提前预订。无论哪个季节，基纳巴卢山之旅都十分惬意，游客既可以在夏天来这里避暑，也可以在冬天来这里泡温泉。

昆达山下休憩的游客

公园属于热带季风气候，这种气候孕育了四种生态环境：低地地区的龙脑香森林、以杜鹃和针叶林为主的山地区、高山草甸区和峰顶处的灌木丛区。由于山地的垂直地带性，这里汇集了从热带到寒带的植物，是世界上最庞大的植物聚集地之一。这里有 6000 多种维管植物，其中许多是地方原生植物。你可以在这里找到世界一半以上的花卉植物，包括原生于欧洲、大洋洲和亚洲的植物种类。这里还有许多苔藓植物、蕨类植物，其中最著名的是花朵绽放时对角长达 45 厘米的大王花。

除了植物，公园里还栖息着一大批地方原生性动物，其中有基纳巴卢巨型水蛭和基纳巴卢巨型蚯蚓。公园也是众多哺乳动物、两栖动物和爬行动物的家园，一到夏日的

登上峰顶，俯瞰周边的山峰和云雾遮蔽的婆罗洲荒野，会让你成就感十足

夜晚，数以万计的萤火虫便飞舞于海港的红树林中，如同群星璀璨，神奇而美丽。途经附近的船常常将它作为导航的灯标。

公园是一个绝佳的浪漫休闲之地，有一种天堂般的梦幻气息，就在日出日落之间，大海、海滩与椰林在不同的色彩之间变幻，唯一不变的是那种梦幻的气氛。携手恋人，来一次浪漫之旅吧。

正在进食的猴子，似乎还在寻找食物

◘ 由于常年的瀑布冲刷，岩石已变得千奇百怪，各具特色

美景盘点

九鲁河湍流泛舟

九鲁河水流湍急，惊险刺激，可谓泛舟胜地。沿着河流乘筏而下，浪花四起，和肌肤亲密接触，清爽惬意。观望四周，峰峦迭起，树木青翠，赏心悦目。漂流一段时间后，水流越来越快，还会有巨石阻路，要掌握好方向，此情此景，即便撞在石头上也是一种乐趣。来这里点燃生活的热情吧。

波令温泉

如果在攀登基纳巴卢山后直接抵达波令温泉，可使用国家公园门票进入。波令温泉冒着热气、富含硫黄的水汩汩流入水池和木盆里，游客可入内放松因攀登基纳巴卢山而酸痛难耐的肌肉。户外的露天浴盆是免费的，但时常有人占用，且注水的速度慢得令人焦急。可以考虑租用一个室内浴盆，它们的注水速度快，并且给予你私密的放松时间。

TIPS

❶最佳游览时间：3—4 月。
❷ 园内的住宿地不多，最好提前预约。
❸ 上山时带好雨衣、手电筒、手套、手杖等用具，山上的物价很贵。

第四章

探——文明遗迹

玛雅文明、复活节岛石像、神圣的岩石……

风餐露宿，

繁华看尽，

到如今只留下落魄的躯壳，

古文明的遗存

吸引着无数好奇的人想一探究竟。

左图：巨大的石雕人像似一排哨兵，日夜守卫着复活节岛

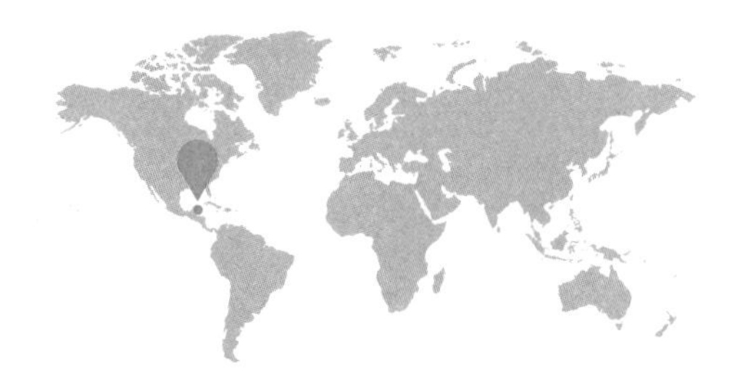

关键词：遗迹、神秘
国别：危地马拉
位置：危地马拉北部
面积：576 平方千米

蒂卡尔国家公园

玛雅文明印记的神奇之地

站在神庙的顶端，俯瞰壮丽的古城遗迹，让人对玛雅文明充满了幻想和崇敬。

浮现在原始丛林中的玛雅遗迹透着几分神秘

在危地马拉的北部，有一座因玛雅文明遗迹而闻名于世的公园，它就是蒂卡尔国家公园。来到蒂卡尔，仿佛走进一幅巨大的玛雅冒险地图里，无数谜团等待着你去破解。

中美洲茂盛浓密的热带丛林深处，有一处来自远古的神秘王国，那里的巨树挺拔参天，神态怪异，庭院、陋室、金字塔庙宇如今只留下落魄躯壳，任人猜测。早在公元前 9 世纪，这里就有玛雅人聚居的村落，后来，这里成为玛雅人重要的祭祀中心，4—6 世纪，这里兴建了规模庞大的城市，也成为玛雅人居住的最为繁华的地区。这里是我行我素的蒂卡尔，这里是带着玛雅文明独特印记的神奇之地。在此之前，恐怕还没有任何一个如此有力的证据证明玛雅文明实实在在存在，直到慷慨热情的中美洲大地取下掩饰的面具，好奇的人们才能一探究竟。

顶上有着神庙的阶梯金字塔，坐落在丛林中，似乎在向人们诉说当年的故事

由于长年的战争，玛雅文明逐渐走向衰落，到了10世纪末，这座曾经繁华的城市彻底地被玛雅人遗弃了。岁月更替，植被依旧葱茏茂盛，为了争顶端那片蓬勃的阳光，塞巴斯树、萨波迪拉树和黄色的塔树比树长得一个赛一个的参天笔挺。野生动物一如既往地生活在这里，茂盛的树冠里是颜色斑斓的鸟儿的栖身之地，它们隐没在黑暗下忘情地争吵打闹，根本不在乎自己的华美衣裳会被枝丫划破。浓密的植株下，美洲豹、吼猴、巨嘴鸟、蜘蛛猴等各路珍稀野生动物悉数登场，是它们共同陪伴着这座古老的遗迹。

贪心的旅人却执着地一路走到腹地核心里去。但不得不承认，如果不是贪心，恐怕我们至今也发现不了这如此隐蔽却可以被称为古代玛雅历史与建筑博物馆的蛮荒之地。想来，第一次拨开厚重雨林，看见这宏伟景象的人是终生都难忘的吧！此后便有无数踏入此地的学者、游客拿起工具敲敲打打，东看西量。骄傲的蒂卡尔宁可被后代这样摆布，也从不加以任何辩驳解说。那高大气派的几何形建筑群，那惊悚神秘、能让人瞬间血脉凝结的金字塔，还有那气势恢宏的中心广场、储量巨大的地下水库、计算精准的宽阔石阶，无一不透露出远古玛雅古朴神秘的严谨气质。

与其纠缠于各种推测与猜想，倒不如干

密林中的斑点孔雀，神秘妖娆

直指苍穹的神庙似乎昭示着这里曾经的辉煌

脆彻底抛开所有这些无意义的想法，系好鞋带，裹好行囊，跟随着先人的脚步来一趟纯粹的时光探险之旅。除了参观玛雅遗迹，来一次亲近自然的丛林探险也是一种不可多得的体验。

美景盘点

玛雅文明遗迹

这里最让人惊叹的就是玛雅文明遗迹，它曾是一座完整而壮丽的古代文明都市。中央区域的广场周围环绕着金字塔状的神殿和庙宇，它们是在玛雅文明最巅峰的时代建造的，也是整个遗迹中最为著名的建筑景观。附近的居民住宅区由城墙环绕，可以容纳上万人。建筑物前树立着许多刻有象形文字的石碑，建筑物上有反映玛雅文明盛况的浮雕。这里还发掘出一些精致的彩色墓穴和拥有丰富储蓄量的地下水库。城市系统完善而精致，让人叹为观止。

TIPS

❶最佳游览时间：11 月至次年 5 月。

❷ 公园内有三座旅馆坐落在丛林中，距蒂卡尔遗址仅 1 千米，可以和原始的自然环境进行亲密的接触。

关键词：生机、炎热
国别：美国
位置：亚利桑那州南部
面积：370 平方千米

萨瓜罗国家公园

仙人掌的乐园

来这里可以只有一个理由，那就是探索巨柱仙人掌五百年的生存智慧。

在美国亚利桑那州的沙漠地区，生长着许多巨柱仙人掌。为了防止人为破坏，于是就有了萨瓜罗国家公园。

无论是在美学上还是生物学上，巨柱仙人掌都是这片沙漠和整个国家公园最引人注目之处。这里是它们的家园，它们广泛地在这里生长，同时这里还有许多其他植物，包括刺猬仙人掌、刺梨、纺锤形墨西哥刺木、杂酚树和著名的刺乔利亚仙人掌。

每一棵巨大的仙人掌都为动物群落提供了支撑，大多数啮齿类动物、昆虫和鸟类都将这里当成了天然的庇护所，园中可经常看到野兔、乌龟、蜥蜴、蝙蝠和各种鸟类活跃在仙人掌林中。

萨瓜罗国家公园气候炎热，降水稀少，使得这里的动物们天生就会对抗炎热和干旱。为了躲避烈日，多数鸟类和蜥蜴选择在凌晨和傍晚的时候出来活动。啄木鸟则用它的长嘴在巨柱仙人掌上啄开洞穴，利用啄出的洞穴来抵挡灼人的热浪和刺骨的冬寒。至于仙人掌上的洞穴，原来的居住者搬走之后，一些其他鸟类就会搬进去。灰兔则把纤薄的

一对父子徒步在仙人掌林中穿行

巨柱仙人掌就像普通城市的道路绿化一样，看着人们来来往往

耳朵当作散热器，通过皮肤直接散出多余的热量。也许最有趣的适应沙漠生活方式的动物就要数跳鼠了，它们能从种子中得到水分，从而在干旱的环境中生存下来。许多动物为了躲避炎热，捕猎或搜集食物都安排在晚上进行，或者像走鹃、大毒蜥那样在凌晨和傍晚天气凉爽的时候进行。

除了巨柱仙人掌，印第安人遗迹也是公园的亮点之一。迄今为止，公园内已有 435 处印第安人遗迹被发现，其中主要是霍霍卡姆印第安人的各种生活用具、艺术品和建筑。

大约在 12500 年前，人类就开始在这片土地上生存繁衍，而 1700 年前，霍霍卡姆人在这里留下了最深的印记。他们将仙人掌当成主要食物，并用仙人掌汁液制成果酱和酒类。他们也会食用巨柱仙人掌的种子和仙人掌死后留下的木质树干。不过如今，这些遗迹都散落于沙漠之中，只能在它们留下的岩画上追忆往昔了。

看惯了青山绿水，人间诗画，偶尔换换口味，也是好的。驾车穿梭在仙人掌林之中，欣赏着沙漠景观和各种野生动物。或徒步行走在这片沙漠之间，挑战炎热与干旱，也不失为一种值得回忆的经历。

各式各样的仙人掌生活在这片沙漠中，这里似乎成了仙人掌的乐园

谁会相信这些挺拔的仙人掌就生活在沙漠中

美景盘点

巨柱仙人掌

公园的沙漠、山脉底部常常能看到巨柱仙人掌的身影。虽然这片沙漠非常贫瘠，而且被干旱和炎热所统治，但是仙人掌们却生机勃勃地生长在这里，无比健壮。

这些沙漠中的抗旱能手最高可以长到 15 米，10 吨的重量让它们不惧怕任何风沙。如果走近仙人掌，还会发现仙人掌中有许多鸟巢。有着乘凉和保暖作用的仙人掌，可以避开频繁的风沙，给鸟儿们舒适的生活。仙人掌就像忠心耿耿的哨兵一般，守卫着需要它庇护的动物，守卫着这座国家公园。

TIPS

❶最佳游览时间：10 月至次年 4 月。

❷ 公园中没有旅馆，但是公园东区允许野外露营，在公园外的图森市也有很多住宿地点可供选择。

❸ 如需徒步旅行，可以选择在清晨或傍晚进行。

关键词：自然、野趣
国别：英国
位置：威尔士西北部
面积：2188.54 平方千米

雪墩山国家公园

犹如置身油画之中

若非亲眼所见，你一定会以为置身于油画之中。在这里，游人的敏感被唤醒，连时间的流转都以静止的姿态呈现。

山川湖水披上了夕阳的金色，如梦境般美轮美奂

雪墩山国家公园是英国最美的国家公园，在威尔士西北部，与乔治海峡相对。其因雪墩山而得名，雪墩山主要由板岩和斑岩构成，它的历史可追溯到奥陶纪。厚密的冰雪覆盖着整个地区，展现了山脊、冰雪坑和隐卧在雪墩山及其四周的无数小湖。这里山色苍苍，野趣横生，常年云雾缭绕，若隐若现，如梦境般美轮美奂。任何角度，放眼望去，山色和湖水相连，景色骤然不同。清清湖水，岩岩巨石，还有漫山遍野黄、粉、蓝的野花在清冷山风中摇曳。空气中的潮湿给人一种悲戚的感觉，绿色中游人还是忍不住对着野花开颜一笑！喜欢随意地走在路上，那是关于放飞的欲望、迷恋色彩的情怀。它壮丽，昭示着一片平和的气息。置身于群山之中，会感觉到人类的渺小，自然的强大。

雪墩山有许多条上山小道，登山者可以自由选择。1897 年，雪墩山修建了一条有齿轨铁路，游人乘坐爬山小火车从山脚出发，沿山崖蜿蜒爬行，一路上可饱览四周远景，穿云行雾，直达顶峰。车外景色随云海飘浮而变幻万千，晴朗的日子里，人们登上顶峰可以远望 20 千米，隔海可以看到西北角外安格尔西岛。

当然，每一个美丽的地方都有一个故事，在雪墩山西侧，有一个叫卡纳芬的地方，13 世纪末英格兰国王爱德华一世为了征服威尔士，修建了一系列的城堡，其中卡纳芬的一座古堡遗址尚存，可供游人参观。在城堡内，人们可以看到一个通往国王餐厅的小门，如果有人前来袭击国王，只能一个一个地走进去，这就使国王有时间从另一侧的小楼梯逃走。城堡上有个驻守卫兵的鹰塔，塔上放着几个石刻的人像，目的是迷惑进攻

◘ 山色苍苍，湖水清清，野草漫地，景色不同凡响

的敌兵。

人法地，地法天，天法道，道法自然。这种如此近距离的接触，除了在雪墩山国家公园，其他地方是很难体会到的。超脱、美好、让人心旷神怡。以天地为棺椁，又有何憾乎？

美景盘点

卡纳芬城堡

卡纳芬城堡是一个古老而传奇的城堡，为爱德华一世所建，格林起义时，城堡遭到围攻，破败不堪；在英国内战期间，这里进行了最后一场战争，直到 19 世纪才得以维修。此外，历代英国王储都是在此举行的授爵仪式，颇具历史意义。

贝兹考德

贝兹考德位于雪墩山国家公园东侧，有两座著名的桥梁：沛尔桥和滑铁卢桥，除了桥之外，贝兹考德最吸引人的乃是燕子瀑布，你可以沿大马路前往，最好选择沛尔桥旁的森林步道缓行而去。步道沿途杉柏参天，非常宁静优美，大约一小时便可以到达隐于树林中的燕子瀑布。水流分成数十道飞瀑奔流而下，极为壮丽。

TIPS

❶如需购物，最好不要讨价还价。
❷ 如需住宿，建议提前订好酒店。
❸ 登山期间最好穿长裤长袖，以防蚊虫叮咬。

关键词：恢宏、神秘
国别：土耳其
位置：卡帕多西亚省
面积：4000 平方千米

格日美国家公园

土耳其的王牌景致

格日美国家公园就静静地伫立在那里，等待着人们拂开岁月朦胧的面纱，走进它们……

瀑布自断崖而下冲刷着长满绿苔的岩石，给人清凉潮湿之感

有人曾说，卡帕多西亚是上帝手中的沙盘，一个偶然，沙盘被打翻，全部倾泻在了这片荒芜之地。于是，在热烈的火与呼啸的风下，多番碰撞，最终形成这座城池，而它最美丽的部分就是格日美国家公园。

格日美国家公园地处阿瓦诺斯、内夫谢希尔、于尔居普三座城市之间的一片三角形地带上，距首都安卡拉东南约 280 千米。这里布满了荒无人烟的悬崖绝壁，隐藏着成百上千座古老的岩穴教堂、规模宏大的地下建筑遗址和不计其数的洞窟住房。而公园内最为著名的要数卡帕多西亚石林，林区布满了由火山岩切削而成的千奇百怪的断岩、石笋和岩洞，它是自然与历史的完美结合，被誉为“土耳其天然景致的王牌”。

若不亲眼所见，仅凭虚无的想象，是无法领略格日美国家公园带来的那份震撼的。远远望去，荒芜的高地上一座座石丘拔地而起，上面打凿了密密麻麻的窟窿，这些窟窿像是附着在石面上似的，呈现出立体的轮廓。当凛冽的寒风过境，漫天飘雪便覆盖了整个卡帕多西亚，苍黄的沙土承载着皑皑白雪，奇异的石林嶙峋突兀，湛蓝的天穹与大地间隔着茫茫的雾气，宛如神话中的荒郊古堡，透着一股神秘的气息。

卡帕多西亚奇石林是大自然在安纳托利亚高原上挥下的浓墨重彩的一笔。上帝以神奇的手法在这里塑造出由金字塔形、锥形以及被称为“妖精烟囱”的尖塔形岩体组成的卡帕多西亚奇石林。这些奇形怪状的岩体，多呈现出赭、白、红、栗和黑等颜色的横条纹，而每一道条纹就像是一个页码，记叙着每一段历史的传奇。虽然只是不经意的一瞬，但墨色便从远古浸染到了今天，在岁月的洗礼中，那些起伏的岩石表面平滑光洁，如经神匠之手细心雕琢而成。

除去格日美国家公园的奇异自然风光，另一处由人工开凿出来的洞穴也熠熠闪光。在一座座光滑的石丘上凹陷着深深浅浅的洞穴，那是先民刻意凿刻的容身之所，里面各种生活设施一应俱全，入口部分是起居室，再往里面是卧室，床像蠕虫一样深深地嵌在石龛中，而居室内的家具、壁炉等也是直接从岩石中挖出来的。直到今天，卡帕多西亚仍旧有不少人居住在这样的洞穴里。

当勤劳的人民在地表开凿生活居所时，一座恢宏的地下王国也悄无声息地呈现出来。这座深藏于地下的城市于 1963 年被当地一位名叫德米尔的农民发现。这里是一个包罗万象的地下城镇，纵横交错的隧道两旁，像蚁冢一样排列着无数住宅，住宅里面各种生活设施一应俱全，52 个通风管道皆通往地面隐蔽处,几条供逃生用的地道造得尤其巧妙。这座横空出世的地下王国在带给人们惊讶的同时，也给人们带来深深的困惑：这座设施齐全的地下王国究竟为何人缔造？至今这仍是一个谜团。

骏马穿过奔腾的小溪

历史的烟云悠悠而过，古老的先民早已停止了呼吸，唯有他们用非凡的智慧镌刻下的人类文明依旧震撼着世人。

神秘的林间小镇

美景盘点

卡帕多西亚奇石林

举世闻名的卡帕多西亚奇石林最大的特点就是众多耸立在平地上形状奇特的小山峰，其外观如石笋，似烟囱，不一而足，蔚为奇观。它们是由数百万年前三座火山喷发后散落的灰烬覆盖，再经历数千年风化和湖河雨水冲刷逐渐形成的。由于风景独特，已被联合国列入《世界遗产名录》。

地下城

在 1000 多年前，基督教徒被阿拉伯人迫害，逃亡至此，建立了地下城。它像一个地下宫殿，十余层的空间可生活近千人，这里规划周密，有水源，可通气，可做饭，人们在这里不问世事，生活安逸。如今，游客再次看到地下城时，不得不惊叹于人类的智慧。

TIPS

❶最佳游览时间：4—10 月。
❷ 需自带拖鞋、牙刷、牙膏等个人日常用品。
❸ 高级的饭店禁止客人自己带酒水，若被发现，会处以相应的罚款。
❹ 土耳其的菜肴一般包括各种肉类、蔬菜、汤，以及美味的酱汁搭配谷类食物。

□ 登山者欣赏山顶风光

关键词：部落、遗迹
国别：哥斯达黎加和巴拿马
位置：哥斯达黎加和巴拿马交界处
面积：5456 平方千米

拉米斯塔德国家公园

人间仙境

印第安人无私的守护，成就了这世外天堂。

在3000 万年前，地壳运动和火山喷发的压力使地壳上升，南北美洲之间的大洋盆地终于被填平，这处狭长的陆地成为沟通南北美洲物种的桥梁。从 700 万年前，这里就是物种的天堂，它就是位于哥斯达黎加与巴拿马两国交界处的拉米斯塔德国家公园。

拉米斯塔德包含了从海岸到高山的多种地形，复杂的气候和肥沃的土壤促成了这里不同的生态环境，像一个立体的生物博物馆，而塔拉曼卡山脉如同躺倒的巨人。从海平面到山顶，每种生物都生活在适合自己生存的环境中，不同的高度，生长的物种也随之发生变化，复杂的地形为各种野生动植物提供了良好的生存环境。它很像一幢单元楼，每层有着不同的风景。

拉米斯塔德大部分地带被热带雨林覆盖，在潮湿温热的雨林中，树木参天，上面爬满了粗大的藤蔓植物，躯干上因潮湿生长着绿色的青苔。热带雨林中的毒蛙，是一种恐怖的动物。它的体形不大，艳丽的颜色看上去就像丛林中妖艳的魔鬼，它们栖息在树梢，遇到敌人时会从表皮的皮脂腺中分泌出毒素，给侵犯者致命的打击。

长满青苔的岩石，处处给人神秘感

除了毒蛙，丛林中还有一种红眼树蛙。它色彩鲜艳，是一种观赏性很强的品种，凸出的红色大眼睛像两粒红宝石，背部是发亮的绿色，身体两侧是炫丽的蓝色。这些颜色其实是它们自我保护的工具，当敌人靠近它

充满魅力、生机勃勃的原始热带雨林

们的时候，闪光会吓走敌人，尤其是在它们高高跃起的时候，闪亮的蓝色好像一道闪电划过。

雨林中还生活着一种濒临灭绝的貘类动物——中美貘。别看它们个大，却是一种生性胆怯的动物，几乎随时对周围的一切保持警惕，进食也选择晚上相对安全的时间。

拉米斯塔德国家公园也是鸟类的天堂，在公园中总共有 600 多种鸟，这几乎包含了中美洲所有鸟的种类。蜂鸟是最小的鸟类，它们的翅膀像蜜蜂一样不停地高速扇动，能完成倒退、悬空停留等动作。火胸蜂鸟是这里特有的物种，它们的食物与蜜蜂一样，红色花朵的花蜜最受火胸蜂鸟欢迎。

在海拔 3000 多米的高度上，森林已经无法生长，拉米斯塔德的植被也随之发生变化。高山草甸代替了森林，矮小的灌木代替了参天大树。随着气温的下降，动物的种类也随之减少，除了野兔，这里还生活着两种鸟类和两种蜥蜴，除此之外就是一些蜘蛛和昆虫。如今还有 10000 多名印第安人在这里居住，他们不仅仅要忍受这里的酷暑带来的高死亡率，还要忍受生活上其他的不便之处。200 多处遗迹，不仅仅是曾经的印第安人文明的象征，更告诉世人如今这 10000 多名后人依然坚守在这里的理由，守护着祖先的土地是他们神圣的使命。

美景盘点

绿咬鹃

公园内生活着的鸟儿绿咬鹃，长约 125 厘米的小精灵，它有着长长的羽尾，尾下的腹羽有黑白的花纹，通体是绚丽的彩色羽毛，非常漂亮。在古代玛雅人和阿兹特克人眼中，绿咬鹃是神圣的鸟类，危地马拉的国徽上也有它的身影。

TIPS

❶若在公园内居住，应提前预订。
❷当地空气湿润，蚊虫较多，需携带防蚊、驱蚊用品。
❸当地饮食以玉米和香蕉为主，朗姆酒、咖啡等是其特色饮料，美食也独具特色。

关键词：神秘、荒凉
国别：智利
位置：波利尼西亚群岛最东端
面积：117 平方千米

复活节岛国家公园

无与伦比的文化风景

又是一个不为人知的秘密，让好奇心带你一起探索它的神奇。

南太平洋波利尼西亚群岛的最东端有个火山岛——复活节岛，从空中俯视，它宛如一个等腰三角形，有人形容它像拿破仑的军帽。岛上矗立的石雕人像沉默地凝视着太平洋已有数个世纪之久，长久以来任海风吹拂，沉默无语。复活节岛国家公园就在这里。它是智利的一个谜。

很早以前，波利尼西亚人来到这片土地创建了他们的社会和文明，他们拥有高超的雕刻艺术。建造了数量颇多且非常神秘的巨石雕像，如今这里成了一道文化风景线。这些巨石像大多有 7~10 米高，雕刻材料为火山石。它们没有双脚，双臂放在身体两旁，双手放在肚皮上。有的戴着用红色石头雕刻而成的帽子，有的身上还雕刻着奇怪的符号。岛上所有的石雕人像，不论是完工的还是半成品，你绝对找不到一尊带有喜悦神态的，它们或忧郁、或沉思、或冷漠、或严肃。

1722 年 4 月 6 日，荷兰西印度公司的船队首次踏上了这座以前不为人知的小岛。当船队正在接近复活节岛时，船长突然发现许多高大的“巨人”正守卫着他们将要踏上的岛屿，着实吓了一跳。当船驶近岛屿时，他才松了一口气。原来，那些“巨人”只是些石像。第二天，也就是复活节当天，船长登陆上岸，遂把这个岛命名为“复活节岛”。此外，岛上 300 多座祭坛和一些石头建筑

火山岩石雕刻的石像

岛上多岩石，悬崖峭壁遍地都是，原始天然，景色不同寻常

物也被发现。这些石像究竟是如何建立的，又是为何而造，都没有答案。考古学家们猜测，这些石像代表了拉帕努伊部落以前的首领，甚至有人认为，这些巨石像是外星人所为。

复活节岛是迄今唯一一个被发现有古代文字的波利尼西亚岛屿，这些文字的意义至今仍是个谜。尽管局限于如此之小的区域，而且仅被少数的当地居民使用过，但这些文字是一种高度发达的文明的明证。

除了那些古老的建筑与文明，岛上散布着火山丘，地面覆盖着厚厚的凝灰岩，坑坑洼洼。公园土壤贫瘠，植被多灌木，没有高大的树木。动物则以鱼类和具有长途飞行能力的海鸟为主，岛屿沿海有海龟和海豹。当地居民则在拉诺拉拉库半岛那些土壤较为肥沃的地方开田种地。

岁月之河从未停止流淌，秘密也始终是秘密，等你来解开。

美景盘点

火山口湖

复活节岛虽然是海洋性气候，全年降水丰富，但由于地形因素限制，没有地表溪流，而是在火山口形成了众多的火山口湖。居民的饮用水源都来自于这些火山口湖。其中，拉诺考湖是最大的一个，直径有 16 千米。湖周围满是沼泽，湖面上覆盖着芦苇丛和蓼属植物。

岛上石像成群结队，面对大海，昂首远视

TIPS

❶最佳游览时间：2 月。
❷ 安加罗阿镇中心以南有向游客提供露营的地方，同时还提供租借自行车和帐篷的服务。

关键词：气魄、圣洁
国别：澳大利亚
位置：达尔文以东
面积：19804 平方千米

卡卡杜国家公园

神圣的岩石

这里是神的花园，能到此享受它的色彩、它的季节变化和它的精神，是神的恩赐。

瀑布冲刷着红色的岩石，光与影的协调，让它们更加夺目

这里是澳大利亚最大的国家公园——卡卡杜国家公园，它久不为外界所知，生态系统被完整地保留下来。这里是独特而复杂的生态系统，有潮汐涨落，有冲积平原、低洼地带和高原，是适合各种独特动植物繁衍的理想环境。

清晨，薄月还悬在树梢，卡卡杜已经悄然醒来。浓雾之中，郁郁苍苍的原始森林露出清秀淡然的笑。雨季，湿答答的水气将整个国家公园氤氲成了泼墨山水，放眼望去，树林浓密得快要淹没整个山野。太阳升起的时候，澳大利亚土著心中的圣地——布洛克

◘ 引人入胜的悬崖峭壁，飞流直下的瀑布为公园美景画上神来之笔

曼山开始发光发亮，它被誉为“神圣的岩石”。峡谷从布洛克曼山四面的陡崖边缘切入，有些地方陡崖高达 460 米。浩浩荡荡的瀑布从悬崖顶端倾泻下来，气魄宏伟，一气呵成。吉姆吉姆瀑布和因形得名的孪生瀑布是最为壮观的两条瀑布，瀑布高达 200 米，一泻千里，轰鸣不止，宛如两条巨龙，直灌平地而去，气势惊人，耀武扬威。

追溯前缘，这是一片神奇的土地，原是澳大利亚土著嘎古杜的故土，卡卡杜就是得名于这个部族。嘎古杜的祖先 4 万年前从东南亚迁来，在冰河时期登陆，他们传承了世界上还存活着的最古老的文化。除此之外，再没有哪种文化较之卡卡杜国家公园，更能一览无余地展现澳大利亚先民的文化传承关系了。

这是一场温存的时光骗局，孤寂的风掠过千年的崖，古老的文明坠入神圣的岩石，在澳大利亚最北部的广阔荒原，卡卡杜用原始的脚步，保留着对大自然的眷恋。这里有超过澳大利亚三分之一的鸟的品种，还有占澳大利亚四分之一的土生土长的动物，这里庇护着令人眼花缭乱的野生动物。湿地泛舟，不经意看到似乎只有《动物世界》里出现的鸟类，巨大的白头鹰，停留在树枝上，静静地注视远方，好像一幅油画。尤其是当黄昏要降临的时刻，天空中一行白鹭飞过，那场景，好像人与世界融为一体。不过，河里的鳄鱼，会悄悄地盯着猎物。经过巨大的岩壁，到达山顶，卡卡杜的美景呈现在眼底，远方一大片蓝色的海子，像一块蓝宝石镶嵌在绿色的草原中央。而周边的小山，像是无数的巨石，更像是随时可能站立起来的巨人。要是在黄昏的时候来到这儿，风景会更美。文明的种子已在这里悄无声息地生根发芽。

□ 一望无际的绿地和碧如蓝天的湖水，与大自然完美融合在一起

美景盘点

壁画

公园中的诺尔朗吉岩石和乌比尔岩石是欣赏原住民岩石艺术的最佳场地。这些岩画是当地土著的祖先蘸着猎物的鲜血或和着不同颜色的矿物质涂抹而成，描绘了澳大利亚原住民丰富多彩的生活以及各种神话故事，绘画风格抽象夸张，极为生动。

白蚁山

公园的荒原中经常可以看到白蚁山，最高的能达到 6 米，这就是小白蚁的杰作。白蚁建造这些巢穴其实是为了抵御外敌和极端的天气，蚁巢分层而居，底层住着蚁后，中层住着工蚁，死白蚁的坟墓则在最上层。无论是四周的面积还是采光条件，都经过精密的计划，令人震撼。

TIPS

❶最佳游览时间：11 月至次年 4 月。
❷ 澳大利亚任何地方的自来水都是符合国际卫生标准的纯净水，可以直接饮用，包括露营地。
❸ 一般场合没有收小费的习惯。
❹ 蚊蝇较多，需携带防蚊蝇叮咬的药品。防晒霜必不可少，带帽檐的遮阳帽也要携带。

关键词：古老、神秘
国别：古巴
位置：格拉玛省
面积：261.8 平方千米

格拉玛德桑巴尔科国家公园

奇特的海岸景观

置身这里，感受海洋的浩瀚、时空的更迭和宇宙间自然的力量是一种无法表达的宁静与惊异。

保存完好的巴尔加斯灯塔

巴西格拉玛德桑巴尔科国家公园以它独特的地质地貌而闻名，它拥有世界上最大的、保存最完好的海洋阶地系统和奇特的海岸景色。

这里的海岸拥有独特的风景线，在公园海岸边，从海面上 360 米处一直到海面下 180 米处，形成了一系列的石灰石海洋阶地，气势恢宏。这里的海岸线或许不像其他地方那样温柔多彩，但原始和崎岖也不愧为一种独特的韵味，给人留下深刻的印象。

足够的空间、高度和多样性的气候以及必需的经济因素，可以保证公园生态系统、海岸生态系统和生物多样性的稳定。数百种植物和上百种动物让这里充满生机。无垠的

清澈见底的海水上游着几艘船，荡起层层涟漪

大海，险峻的悬崖，错落的礁石，斑斓的石灰石阶地，壮观的海蚀平台，台地上广袤的丛林以及丛林中不计其数的生命和物种，皆为古巴珍贵的宝藏和绚烂的财富，深蓝的海洋给予这个国家伟大的梦想。

海岸边还完好地保留着建于19世纪的灯塔和其他建筑。在灯塔耸立的尖角地带，三面环海，沿岸坐落几十户人家，远离现代文明和城市喧嚣，除了暴风雨和海上掀起的巨浪，很少有事情会打破这里的宁静。小镇遗世独立，面朝大海，身后广袤的原始丛林成为与外面世界隔绝的天然屏障。小镇居民与世无争地守护着灯塔，一如既往地保持世代相传的习俗与传统。

除了多样的动植物和原始的地貌外，公园还因它的历史文化背景而具有考古价值。这里曾是古代泰纳人的聚居地，泰纳人被认为是南美阿拉瓦克人的近亲，他们在这里生活了数个世纪。哥伦布以及其他航海家的到来，给这里带来了原发于欧洲的各种传

成片的椰子树尽显热带异域风情

染病，泰纳人部落逐渐衰落下去。泰纳人分为平民和贵族，都受族长统一领导。他们一般会在城镇中心建立一座圆形的广场，用来举行宗教祭祀和节日庆典。普通居民的房屋由木杆、稻草和棕榈叶搭建而成，都围绕着中心广场。发掘出的许多考古遗迹，反映了泰纳人的文化和原始定居方式，其中包括一些举办仪式的窑洞。

珍惜此刻，置身于广阔灿烂的空间，请用心领悟壮阔景致的庄严神圣和呈现的永恒之美，怀着最真诚的善意和敬意，尊重和分享这一切为古巴、为人类创造的非凡价值。

美景盘点

巴尔加斯灯塔

这是一座建于 19 世纪的灯塔。塔座和圆形塔身均由暗红色砖石砌成。塔座为多棱形立柱，高约 2 米。塔座前立着何塞 · 马蒂白色雕像，雕像旁边有一根旗杆，周边的地面裸露出坚硬的礁石。经年累月屹立的灯塔，为当年“格拉玛号”游艇上陷入绝望的游击队员带来了劫后余生的希望，可以说，它是古巴革命最初的指路明灯。

TIPS

❶最佳游览时间：11 月至次年 1 月。
❷游客中心位于公园的入口处，导游受过专业的培训，可以说多国的语言，有需要的话可以直接咨询。

关键词：壮观、神圣
国别：黑山
位置：拉什卡河谷
面积：390 平方千米

杜米托尔国家公园

典型而绚烂的风光

古老的宗教遗迹，久远的壁画，昭示着这里的神圣与和谐。

两艘彩色的木船倒映在清如明镜的湖水里，为公园增加了一抹亮色

杜米托尔国家公园是黑山的一座美丽绝伦的天然公园。在高峰之间分布着的深邃的峡谷、宁静的冰川湖和千奇百怪的岩洞构成了一幅典型而绚烂的喀斯特风光。

塔拉河是公园内最美的景观，沿塔拉河行走，可以观赏到塔拉河峡谷，繁茂的松树林密布在峡谷中间，郁郁葱葱。林中点缀着清澈的湖，湖水中隐藏着的大面积特色植物，令人心旷神怡。塔拉河峡谷地处黑山中部，

公园里山峦起伏、风光秀丽，山石嶙峋的山坡上树木郁郁葱葱，涓涓流水清澈透明

长 80 千米，深 1.3 千米，是欧洲最深的峡谷，也是世界上最大的峡谷之一。塔拉河峡谷的天然美景使它成为著名观光旅游胜地。在溪边钓鳟鱼，泛舟于清澈的溪水之上，都是游客们最喜爱的项目。在小舟上，欣赏 1.3 千米深的峡谷另有一番风味，能充分感受到塔拉河峡谷的壮观。

塔拉河峡谷大桥横跨塔拉河峡谷之上，于 1937—1940 年间建造，历史就在这里上演。1941 年，意大利侵占了现在的黑山共和国大部分地区，而当地人们利用塔拉河峡谷地区的崎岖山地，组建起游击队反抗侵略。1942 年，塔拉河峡谷大桥的控制权被一支意大利军队夺得，一支游击队突击小组在建造这座桥的工程师的帮助下，炸毁了这座大桥，切断了意大利军跨过塔拉河峡谷的唯一通路。大桥于 1946 年重建，因经典"二战"影片《桥》曾在这里拍摄，使得这里极受游客追捧。

黑山最高的居民点，是海拔 1456 米的扎布利亚克小镇，这里是国家公园的旅游中心。

4500 名居民在这里安逸地生活着。这里有独特的湖光山色、惊险的峡谷、盛开的花丛，小镇周围还残留着一系列的纪念物和旧式村庄，它们见证着过去的历史，吸引着各国游客，也给游客们留下了挥散不去的美好印象。

山峦起伏、风光秀丽，山石嶙峋的山坡

◘ 两条公路穿梭在青山间，蜿蜒游向远方

上树木郁郁葱葱，河谷的沙砾石块间涓涓流水清澈透明。蓝天白云下秀丽的冰川湖澄碧如镜、空气清新、阳光和煦，一年四季美丽而静谧。各种动植物乐活其间，黑湖滋润着塔拉河和皮万河；教堂与修道院昭示着这里的神圣；壁画也带给人特殊的和谐美感。人们由衷惊叹：这里就是最美的风景。

美景盘点

黑湖

公园的东北部有一个高山冰川湖泊——黑湖，其因水色深而得名。它不仅是公园内最大的湖泊，也是黑山共和国第二大湖泊。整个湖泊长 1155 米，宽 810 米，被半岛分成一大一小两部分。黑湖水面如镜，周围树林环绕，郁郁葱葱。四周分布着供游人徒步的步道，让游人在行走中感受这里的魅力。

欧斯特洛格修道院

欧斯特洛格修道院是一座塞尔维亚东正教教堂，于 17 世纪修建在垂直的山体中，是黑山共和国最为著名的朝圣地。白色的修道院如同宝石镶嵌在峭壁上一般。沿着一条 3 千米长的崎岖步道上山，你可以看到用岩石凿成的修道院和两个小型的洞穴教堂。从这里俯瞰整个杜米托尔的景致，美不胜收。

TIPS

❶每年的 12 月至次年的 3 月适合滑雪。6—9 月气温适宜，适合登山徒步旅行。

❷ 公园办事处附近有露营地和滑雪中心，滑雪中心可以向游客教授滑雪课和出租滑雪装备。

❸ 公园中有 9 处独具当地特色的旅馆，可以随意选择。

第五章

望——冰雪巅峰

公园内的冰川、雪山……

气势磅礴，

风景迤逦，

放眼望去，那美妙绝伦的山水画

有着

无法言说的美丽。

左图：盖满积雪的富士山，在粉色樱花的映衬下，格外纯净

关键词：巍峨、亲切
国别：美国
位置：科罗拉多州
面积：1075.95 平方千米

落基山国家公园

风华绝代美轮美奂

冰河、冰峰、冰川湖渐次排列，各自闪出孤傲的色彩；山脉、湖泊、蓝天相互映衬，在阳光的照耀下，璀璨夺目，犹如散落一地的碎钻。

平顶的山峰是公园的一大特色

落基山脉，如一条长龙纵贯北美大陆，将无数的美景串联起来，共同组成了一串美丽的珍珠，在这位风华绝代的美人的颈项间一一闪现。妩媚、端庄、大方。这些华美的词汇都无法将这座风华绝代的落基山脉的美一一概括，只好在这造物神话前，兀自张大了嘴巴。

整个山脉北起阿拉斯加，南至墨西哥的“北美脊柱”，在丹佛附近达到海拔最高点，壮观巍峨的落基山国家公园正坐落于此。美国落基山国家公园成立于 1915 年，面积达 1076 平方千米。在这 1000 多平方千米的区域里，群峰连绵、山路盘旋，其中有 60 多座海拔超过 3600 米的山峰，其中的最高峰是朗茨峰，海拔 4345 米。

四季轮转，变换着公园内的景色。冬天，白雪将森林覆盖，广阔的公园内唯有耀眼的白和深沉的黑绿，茫茫大地一片肃静；到了

倒映在水中的山峰把湖泊打扮得如同绿宝石一般璀璨

春天，冰雪消融，溪水潺潺，伴着悦耳的歌声汇入湖泊。野花从冻土中伸出脑袋，大地充满了生机。空气中流淌着温暖的气息，让人都融化了。相对于落基山的北段，南段的夏季较长，山谷更宽，大片草地铺延开来，翠如锦缎，纵横交错的道路在上面画下自然的条纹，使得这里倍感亲切。

看不够的青山与碧湖，流连的旅人试图将这尘世中的绝美一景装进相机，锁在脑海。走走停停中，才发现锁定的只是美的一角，无论如何都无法将其全部的美丽记录，不如快乐地在美中前行，无须繁复点缀。这一刻，美就在心里，它不仅净化双眼，还净化心灵。

沿着蜿蜒起伏的小路行走，心中除了“风华绝代”，竟没有更好的词语可以替代。你在缓慢地行进中，尘世的喧嚣、烦躁会渐渐

眼神迷离的麋鹿

挺拔陡峭的山峰，郁郁苍苍，山间小溪到处可见，十分迷人秀丽

地抛去，只留下诚心与期待，以及对这份美好的顶礼膜拜。

逃离所谓的文明丛林，在这里，你只需在林中穿行，与动物为友，有花儿做伴，累的时候，打个哈欠，转身睡去。

美景盘点

朗斯峰

这个山峰为平顶，海拔4428米，几乎在公园的任何地方都可以看到。因午后天气多变，去朗斯峰旅游一定要提前出发。这里是美国很多登山专家挑战珠穆朗玛峰前的训练地！

野盆地

位于落基山国家公园的最东南处，接近伦斯帕克城。它是公园内远足最好的区域之一，人们常走此路线前往雪岸湖、雷湖和蓝鸟湖。

TIPS

①这里一年四季风光旖旎，皆适宜旅行。

②落基山国家公园是为数不多的允许冬季野外露营的国家公园之一。

③公园内有沿着山脊路和熊湖路往返的专线巴士，每天7：00—19：00，每隔15分钟发一次车，免费。

关键词：幽静、纯洁
国别：阿根廷
位置：圣克鲁斯省西南部的巴塔哥尼亚山脉
面积：4459 平方千米

冰川国家公园

雪白的梦幻胜地

如同巨墙般的冰块，在山谷中扩展延伸，四周雾霭升腾，煞是壮观。

坐落于阿根廷南部圣克鲁斯省的冰川国家公园，总面积达 4459 平方千米，是阿根廷第二大国家公园。这里是冰与水的世界，满目的冰川泛出微微的蓝色，湖水则略带些绿意，仿佛有来自远古的声音在巴塔哥尼亚冰原上悠悠地回荡，像是琴键落下的余音，悠长而萦绕。

阿根廷冰川国家公园由多山的湖区组成，包括南安第斯山的一个被大雪覆盖的地区，以及许多发源于巴塔哥尼亚冰原的冰川，其中的莫雷诺冰川和阿根廷湖是最著名的两个景点。公园内景色迷人，破晓以后，有曙光从冰国慢慢地升起，万物通透。森林是泼墨般的绿色，湖水是深沉的蓝色，积雪是晶莹的白色，冰川在湖水与苍穹的围托下透着幽幽的蓝，如梦如幻。这是一处让人沉迷的世界，是我们每一个人梦里的胜地。眼前一片雪白，耳畔有寒风凛冽，它们都是纯洁的存在，而生长在其间的那个纯蓝的、幽幻的、清透的世界，或许是人们怀有的一种向往。

莫雷诺冰川是世上少有的现今仍然“活着”的冰川，它有20万年的历史，高度达20层楼，

冰雪消融之际，溪水沿着倾斜的岩层逐级而下，呈现出优美的曲线

绵延 30 千米，它的尽头消失在浓雾里，那是另外一个世界。每天，这里都会上演一种独特的壮丽景象——冰崩。每隔 30~40 分钟，就会有大块的冰块齐刷刷地坠入冰湖中，发出激烈的砰砰巨响。冰枝摇曳，幽蓝色的冰墙上蔓延出曲折的裂缝，刹那间，裂缝中迸发出蓝白交错的冰块与冰屑。轰响过后，湖面上漂浮着层层雪末，恰似雾霭四起，壮阔如云涌波涛。但过不了多久，一切又都会归于平静。巨大的冰盖滋养了表面积达 1400

湖水如宝石般碧蓝，冰川雪山倒映湖水之中，宛如仙境

平方千米，平均深度达 150 米的阿根廷湖，使得阿根廷湖成为南美洲少见的冰川湖之一。该湖接纳着来自周围 150 多条冰河的冰块和冰流。阿根廷湖上，聚集着一堵堵由棱角分明、透着幽幽蓝光的冰川铺就的高大冰墙，这些冰墙透着凛冽的寒气，像是一群宏伟的冰雕。环绕在湖畔的雪峰，倒映在湖水中的身影微微有些颤抖，显得灵动万分。

冰山下的土地里一片繁茂，高大的针叶松中也有矮小的灌木丛散布，星星点点的野花在湖畔烂漫绽放。湖水幽蓝深邃，湖边水草茂盛，可以看到多种鸟儿在这里捉食、洗漱。动物是这片土地的主人，它们年复一年地在这里繁衍生息。在公园，你可以看见秃鹰在空中展翅飞翔，也可以看见羊驼成群结队地四处徘徊，还可以看见麦哲伦企鹅扭动着肥胖的身躯，在苔草中扑腾。

作为一个由多山的湖区组成的公园，园内水道纵横交错，它们在山谷中蜿蜒向前，将安第斯山脉分割得支离破碎，形成了众多的山涧湖泽。这些水道与湖泽又与山谷中的河流连接在一起，成为冰川的发源地带。

陡峭的山峰前，野花怒放，争奇斗艳

美景盘点

别德马湖

阿根廷冰川国家公园内的一个著名湖泊，面积达 1088 平方千米，靠近阿根廷和智利两国的边境。别德马湖被陡峭的峡谷静静地呵护着，湖水则默默地注入阿根廷湖，然后经圣克鲁斯河进入大西洋的怀抱。

乌普萨拉冰川

阿根廷冰川国家公园中最大的冰川，也是极圈外世界上最大的冰川。该冰川长约 70 千米，它远离尘世之外，可以说是大自然中纯正的处女地。在乌普萨拉，满目皆是肆意悬挂的冰川和白雪皑皑的山峰。置身其中，仿佛是行进在冰雪王国之中。

TIPS

❶最佳游览时间：11 月至次年 2 月。
❷ 公园内没有住宿的地方，游客都住在卡拉法特镇，每当旅游旺季或是周末，这里的房间都很紧张，最好提前预订。
❸ 即使是南半球的夏季，这里的平均气温也只有 15℃，应带一些长袖衣物。
❹ 在过去的 20 年中，有 32 人死于冰崩时砸下来的冰块，虽然现在在安全的距离内建起了人行步道，但也应该遵守规定，注意安全。

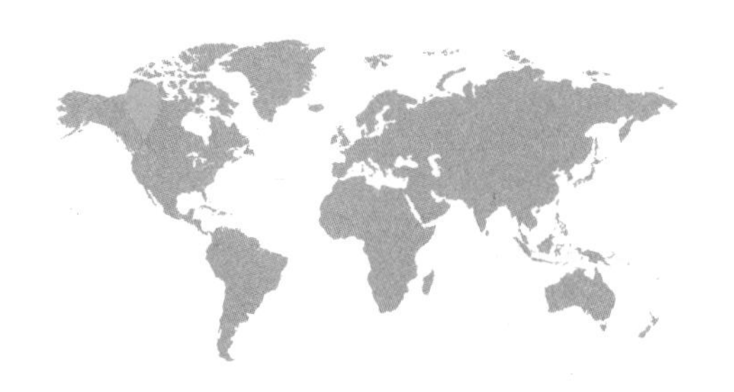

关键词：晶莹、斑斓
国别：美国
位置：华盛顿西部，西雅图南部
面积：220 万平方千米

雷尼尔山国家公园

美国最古老的公园

置身于此，俗世的烦扰被洗涤干净，只为与雷尼尔的“冰雪女王”相见。

红霞倒映在湖水中，绿树环绕湖边，仿若误入梦境

高贵的雷尼尔女王终年隐藏在云雾之中，当她不经意间露出了绝世容颜，则群山倾倒，万民臣服。

深蓝色苍穹里，仍有星光如碎钻般闪烁，天地还未从沉睡中觉醒，雷尼尔却早已开始梳洗打扮了。以露水清洗清丽的面庞，让清风吹干，然后对镜梳妆，以雾气为胭脂，用云朵作花黄，当阳光穿透所有云层，射出万丈光芒，“女王”骄傲地微微一笑，天地便黯然失色。

雷尼尔的美不需要张扬。这里有海拔 4391 米的美国本土最高的火山，拥有除阿拉斯加以外最大的单一冰河以及最大的冰河系统；太平洋气流带来高湿度的东风，这里有地球上全年最多的降雪，同时，这里也是美国登山队的主要训练场所。秀丽的雷尼尔早在 1899 年，就被批准成为国家公园，是美国最古老的国家公园之一。

想要一睹“女王”的美丽，怎能不来雷尼尔山国家公园？这座国家公园，位于美国华盛顿州西部，从西雅图出发，两个小时的车程即可到达公园门口。一口气直奔山脚，道路两旁古树参天，只能看到一线细细的天空。驾车而上，山麓间一片葱葱郁郁，茂密幽静的原始森林无声站立，碧蓝的湖水依靠着青山，温润静谧，连蓝天也忍不住对镜而照。抬头向上看，只见群峰林立，姿态崎岖雄伟，线条千变万化。若是夏天到访，群峰间积雪消融，你便有幸聆听到水流汇集成的湍急溪流，和着错落的瀑布群，一起唱出“俏皮欢迎曲”。沿途而上时，请放慢脚步，这里有不容错过的美景。只见，一惊一乍的松鼠在林间的枝丫上随意地蹦跶，鹿群傲慢悠闲地踱着步。春暖花开之时，漫山遍野开满五颜六色的野花，一路上全是红白蓝黄恣肆放纵的惊艳。

拨开云雾，直攀顶峰。简单的岩石、积雪，漆黑、雪白分明，让人惊讶于雷尼尔的明眸皓齿。向四周眺望，雾色茫茫，1500米以下的山体景色全都隐没在缥缈的云海之中，唯有较高的山峰探出一角，仿佛孤海中的浮岛，让人顿生天地悠悠的怆然感。

向西南行走，在转过了无数险弯之后，眼前豁然开朗，这里便是雷尼尔最美最温柔的地方——“天堂”，似乎全园的美景都集中到这儿了：瀑布湖泊清丽可人，流水潺潺，山体投射在粼粼波光中，曼妙的倒影和那拉达瀑布相对而望。如此绮丽风光，真真对得上“天堂”的名字，这的确是上帝遗留在雷尼尔的人间天堂。

若是你贪恋太阳跃出云海的样子，不畏惧地势偏远，一定不要错过“日出”这个地方。这里较偏远，很少有游人来此，所以它的美丽不为人知。“日出”是国家公园内最高的景点，在这里驻足远望，既可以欣赏到壮丽的冰河，还可以看到秀丽的贝克山，甚至更远处太平洋的点点蔚蓝也能望到。风景缥缥缈缈，一切如梦如幻。

雷尼尔，这个晶莹淡美的人间天堂！

积雪覆盖的冰川、开满野花的草地，每一处都是完美的摄影点

美景盘点

“天堂”

“天堂”高约1402米，位于雷尼尔山西南方的隆迈尔山的北面。它除了有漂亮的山景之外，还有潺潺的流水、清丽的瀑布和湖泊，是公园内最受欢迎的景点。在其南边和西南边分别是倒影湖和那拉达瀑布，再北边则是天堂河，知名的尼斯卡利冰河和天堂冰河就是从这儿进入公园的。

“日出”

“日出” 位于雷尼尔山北边，是公园内最高的景点，也是观赏山景最佳的地点。在这里可以欣赏到冰河的壮丽奇景，还可以眺望公园内秀丽的贝克山以及太平洋。喜欢研究大自然生态的朋友，这一带最适合寻找野生动物的踪迹。

TIPS

①去雪山一定要挑选晴天，否则即使进山，也无缘一睹真容，只会抱憾而归。

②7—8月是欣赏野花盛开的月份。

③露营需要提前预约。

关键词：圣洁、静谧
国别：中国
位置：云南香格里拉
面积：1313 平方千米

普达措国家公园

婉约脱俗的画卷

听，这是僧人的梵唱，是诵经的真言，是活在经书中的地方。

属都湖的秋色

普达措，"措"在藏语中是湖的意思，"普达"意为普度众生到达彼岸之舟，合起来就是神助乘舟到达湖的彼岸。此名最早出现于《曲英多杰传记》，书中记述，有一个名叫"普达"的湖泊，僻静无喧嚣，湖水明眼净心，其湖水具有"八种德"：甘甜、清凉、柔和、轻质、纯净、干净、不伤咽喉、有益肠胃。湖边是美不胜收的草原，由各种药草和鲜花点缀，湖中有小岛装点，堪称天生的"普达胜境"。普达措国家公园安静地坐卧在中国的香格里拉，它的景色同样不负众望。

碧塔海、属都湖和霞给藏族文化自然村一起勾勒出了普达措这婉约脱俗的画面。关于碧塔海有很多美妙的传说：有传说天女梳妆时不小心失落了镜子，镜子掉下破碎而成了许多高原湖泊，而碧塔海就是其中最美的一个。

美丽的景色必然有许多美丽的传说，另一个则是“杜鹃醉鱼”的故事。传说5月的碧塔湖，杜鹃花肆意盛放时，花瓣会坠入湖水中。而杜鹃花是微有毒性的，一旦鱼儿们贪食花瓣，就会被轻微地麻醉，像喝醉了一样漂浮在水面上，成为这里特有的一景。据说等到晚上月亮升起来的时候，熊就会来到水边捞鱼，而吃了醉鱼之后，熊也会被醉倒，这时候就是猎人最开怀的时刻了。

碧塔海，美丽而不张扬，静静地躺在群山环抱之中，倒映着蓝天白云。清澈的湖水安安静静地睡着，连风都吹不动它的肌肤。微微荡起涟漪的时候，它一定是轻轻地睁眼了，而后又半睁半闭地睡了。它躺在花海中安静地睡，马儿是它头上的发簪。

属都湖的藏语名为“属都措”，“属”是奶子，“都”意为汇集，属都湖即汇集奶子之意。

清晨的属都湖宛如牛奶一样洁白，湖边四处盛开着鲜花，湖边的湿地上，草原开始恣意地延伸。属都湖畔水草丰茂，天地广阔，是香格里拉最好的牧场。每年春夏两季湖畔的杜鹃花盛放，还有各色野花竞相开放，牛羊安详地吃草、栖息。到了秋天，白桦林、栎树林、云杉林一片金黄、火红、翠绿。

属都湖四面环山，海拔3705米，是迪庆州的高原湖泊之一。这里的原始森林保护得十分完好，湖水清澈得能看到湖中盛产的“属都裂腹鱼”，这种鱼鱼身呈金黄色，腹部有一条裂纹，肉质鲜美无比。在四周的原始森林中，还栖息着麝、熊、豹、毛冠鹿、藏马鸡等多种珍稀动物。

时间继续变幻景物，这里，却是十几年如一日的美。在这里一刻，心澄澈一刻，灵魂就安稳一刻。

美景盘点

碧塔海

碧塔海以漫山遍野的杜鹃花树闻名，每到五六月份杜鹃花开，花瓣落入湖中，鱼儿吃了会翻了肚皮浮上水面，称为“杜鹃醉鱼”。

文化村

香格里拉第一村，走进了霞给藏族文化村，宛若走进了古朴，走进了生活，走进了斑斓多彩的民俗风情画中。虽然这里是普达措公园景区外的人文景观，但在自然景观的衬托下却显得格外多情。

湿地上长长的栈道为单纯的绿色加了点缀，堪称完美

TIPS

❶最佳游览时间：4—10月。
❷公园整体海拔较高，为预防高原反应的发生，建议不要剧烈运动，并适当携带相关药物等预防措施。
❸游玩普达措公园至少需要3—5小时，建议自带饮食。
❹5月是碧塔海最美的季节，此时的碧塔海林木繁盛、鲜花盛开，湖的四周长满了杜鹃花。

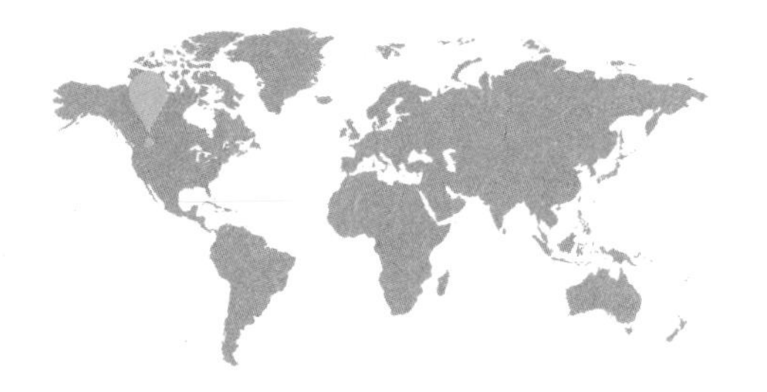

关键词：纯洁、幽静
国别：美国和加拿大
位置：落基山脉的最窄处，横跨美国、加拿大边境
面积：4051 平方千米

沃特顿冰川国际和平公园

气势磅礴风景迤逦

当你漫步于此，浓密的森林几乎有一种要把你吞噬的感觉。

公园里，山脉、草原和湖泊相互碰撞，构成一幅极其美丽的图景

这里是象征和平安宁的所在，一座国家公园，连接起此地和彼端的文化。1896 年，穷困的黑脚族人将现在的冰川公园内大分水岭以东的土地卖给美国政府，后来，这块土地被美国命名为冰川国家公园；而另一部分则被加拿大政府命名为沃特顿国家公园。1932 年，美加两国人民均认为，两个国家公园血脉相连，在自然景观上也相似，不应因国界而刻意分开，因此合二为一，创立了世界上第一座国际和平公园

——沃特顿冰川国际和平公园。两国政府还在公园立了一块美加界碑，一脚横跨两大国，游人纷纷在此留影纪念。国界和领土的意识被淡化，只有那脚下秀美的湖光山色，格外引人注目。

沃特顿冰川国际和平公园坐落在落基山脉的最窄处，在这块辽阔的“北美脊柱”——落基山脉之上，大面积的山峰拔地而起，风景绮丽；冰川形成于200万年前，四处林立，壮观震撼；650多个湖泊紧紧相连，如一连串逶迤的珍珠，从倨傲的落基山脉一路撒至平缓的草原，很好地诠释了“山脉在这里遇见了草原”这句话，以形容这里地势的起伏之突兀，气势之磅礴，风景之优美。

登到顶峰，山色如娥，花光如颊。在这个秘密后花园里，大自然静悄悄地用百万年的时光和心力雕刻着这幅艺术品，留待后世之人安然享用。

走下山峰，浓密葱茏的雨林遍布整个公园，其中最高大秀美的当数“落叶松之王”。五六十米的高度，自然没有任何一棵树木妄图把枝条伸到它的树冠顶上，它以无人企及的威严和霸气成为这冰川植物国度里当之无愧的霸主。

除了“落叶松之王”以外，还有一条幽密的小径——“香柏小径”，两边生长着茂盛的香柏和铁杉林。站在树下深吸一口气，仿佛整个人都被掏空，浊气呼出，躯壳焕然一新。在小径的尽头，集中了全北美高山区最烂漫的野花。风过树梢，漫山遍野的北极花开得轰轰烈烈。风信子则躲在树后唱着俏皮的B小调；鸢尾和鹿蹄草缠绵演绎一段恋风恋歌；数年只开一次花的“熊草”仿佛最大牌的明星，闪亮登场后便匆匆谢幕，能否观其芳容，全凭运气。

独具特色的标识

一排排绿树像缠绕的丝带，而湖泊则是飘扬的裙裾，高山是那美丽的少女

这便是沃特顿冰川国际和平公园，落基山脉上的皇冠，上帝赋予了它无与伦比的美貌，但除却那片摄人心魄的湖光山色，它同时也象征着人类的最高追求：与自然和谐共处。

美景盘点

落基山山羊

公园中，你随处可见的落基山山羊，其实并不是山羊，而是羚羊的表亲。它们雪白的毛皮和冰雪融为一体，能使它们有效避开凶猛肉食动物的攻击。它们以苔藓及青草为生，但也要经常补充盐分，如果你看到它们舔岩石中的岩盐的画面，就能理解“山羊舔石”的由来了。

TIPS

❶这里的炭烧食物受到了很多游客的喜爱。独特的炭烧技术让美味的肉食香而不腻，不容错过。

❷这里独具地方风味的奶酪也会给你一种不一样的味觉体验。

关键词：巍峨、壮观
国别：尼泊尔
位置：喜马拉雅山区
面积：1148 平方千米

萨加玛塔国家公园

通往世界最高峰的阶梯

雪崖绝壁，冰川深谷，气象万千，是全世界登山运动员的向往之地。

对于天空，人们总有一份向往。在尼泊尔的萨加玛塔国家公园你可以离天空更近一些，去感受这一片圣灵之地。这里有神迹、雪山和蓝莲花，只有心智至诚之人，方可听到那云端的呢喃。

在欧洲人眼里，它叫艾佛勒斯；在尼泊尔人眼里，它是萨加玛塔；而在中国人眼里，它又成了珠穆朗玛。原因无他，只因这里拥有世界上最高的山峰——珠穆朗玛峰。它一直是世界上最难征服的山峰，令人望而却步的高度，恶劣的气候，却同样造就了其独具一格的壮观风景，艰难与美丽并存，这种有距离感的美恰恰唤起了人们攀登、探奇的欲望。

萨加玛塔国家公园地形独特，海拔从入口处的 2805 米一直上升到 8844.43 米，除了珠穆朗玛峰，还拥有 6 座海拔 7000 米以上的高峰和诸多冰川、深谷、险礁、暗河。

高山脚下热闹的纳姆泽集市

崎岖的地形，造就了这里遗世独立的景观。整个国家公园涵盖了不同海拔高度完整而层次分明的生态系统，形成了从亚热带到寒带，从山谷到高山的各种气候和生态环境，适合多种动植物生长。公园被三大植被带牢牢覆盖：低地森林带，由松树、橡树、桦树和杜鹃构成；高山中间带，随处可见矮小的杜鹃和刺柏丛林；最令人望而却步的高处森林带，是地衣和苔藓的天下。与此

被夕阳染红的珠穆朗玛峰，似火般热情

相应，动物也呈层次分布，且种类繁多。小熊猫、麝鹿、雪豹等动物在林间穿行，其中麝鹿是这里最庞大的“住户”。

春风叫醒了绿草，吹开了鲜花。漫山遍野是开得绚烂的杜鹃花，大面积的红以绿草为底色，以白色雪峰为头纱，如此娇艳。大大小小的湖泊澄澈、明亮，将天空吸进心脏，再按照自己的理解展现给世人一抹刻骨铭心的孔雀绿。掬一捧水，湖便轻轻地皱了，天空随之漾起波纹。一座座房屋，星星点点般洒落在山脉之间，有袅袅炊烟，直指蓝天。

这是人间天堂，在这里荡清了俗世的污浊，心中满溢着点点希望。这就是萨加玛塔，通往地球上最高峰的阶梯。

美景盘点

珠穆朗玛峰

它是喜马拉雅山脉的主峰，也是世界上最高的山峰。藏语中“珠穆”是女神的意思，“朗玛”是第三的意思，因为在珠穆朗玛峰的附近还有四座山峰，珠峰位居第三，所以称为珠穆朗玛峰。山峰上部终年被冰雪覆盖，地形陡峭高峻，是全世界登山运动者瞩目和向往的地方。

TIPS

1. 9—10月适宜登山。
2. 建议登山游客准备四季衣物，并带好常用药品。
3. 建议登山游客提前准备足够的食物和水，以便随时补充能量。

关键词：神秘，宏伟
国别：新西兰
位置：新西兰南岛的中心地带
面积：707 平方千米

库克山国家公园

绝美雪山群

这里能看到阿尔卑斯山中段最美丽的景色，雪山为背景，湖泊在旁侧，满坡绿草茵茵，来徒步或散步吧，莫辜负这大好湖光山色。

在新西兰之巅，屹立着一座座永不融化的雪山。

浩瀚的星空，洒下如锦夜色；连绵的雪山，如同一个巨大的水晶体，它的各个棱角和侧面，仿佛要把夜空全部吸进自己庞大的肺部。于是，雪山上空常年冰冷迫人，湛蓝乌黑的宇宙看起来似乎触手可及，却又那么遥不可及。这些形态恶劣却又美到极限的雪山，人类对其是又爱又憎，每年都有一些喜爱极限运动的人来此挑战生命的极限，但无论科技发达与否，准备周全与否，总有一些人长眠于此，而幸存的人，则将雪山的美记录在掌心的镜头中，如同星光的回信，历经光年，光影仍可回收放大，美上百年。

新西兰的风景，举世闻名，而库克山则肩负了“新西兰屋脊”的美誉，俯卧在新西兰中西部，与周围的群山、峰林构成了这座美丽的国家公园。这是一座建立于 1953 年的国家公园，占地约 706.96 平方千米，它西接迈因岭，南起阿瑟隘口，是南阿尔卑斯山景色最秀丽壮观的一段。传说很久以前，天父与地母的子孙来到新西兰，他们把巨型独木舟变成了南岛，而把自己变成了库克山群峰，日夜屹立在岛的中西部，守护着这美丽的家园。于是，库克山群峰上终年白雪皑皑，冰雪不融，云雾缭绕。当阳光洒满大地，金粉般的日光弥漫在白雪之上，冰川

湖水碧蓝中带着乳白，和雪山遥遥呼应，宁静而美丽

表面则形成了无数千姿百态的冰塔和裂缝，光华璀璨，令人不敢起身直视。

这是一个由雪山、冰河、山林、悬崖峭壁、温泉以及各种高原植被和野生动物建构的乐园，千百年来，它一直寂静又安然地生活着，带给人们无限惊奇。公园内有 15 座海拔在 3000 米以上的山峰，其中海拔高达 3764 米的主峰库克山是新西兰的最高峰，也是大洋洲的第二高峰。群峰连绵，峰顶终年被冰原、冰河和冰层覆盖，著名的塔斯曼冰河每日以不等的速度缓缓下滑，在阳光的照射下，犹如一条璀璨的缎带，光彩夺目。冰河顺着山脉一路掠过，午后的阳光缠绵地照进南阿尔卑斯山的心脏，平地处的绿色植物尽情吸收这一刻光明，繁衍成一路茂盛。生命在此得以延续，动植物在雪山脚下纵情生长，山顶和山下形成的色彩反差，给人带来视觉上的震撼。

远望美丽的雪峰，云蒸雾绕，奇幻无比

明亮的天空、绵延的山峰，空气中流动着浪漫的气息，在星空下自由呼吸的库克山更加妩媚动人。这便是风光明媚的大洋洲风景，日光之下雪山嶙峋，如同固体的大海折射出天空的纯度。

屹立在群峰之巅的库克山顶峰终年被冰雪覆盖，春季到来，花开遍野，风光无限

形态各异的岩石散乱在湖边，湖水泛着夕阳的金光冲刷而过，呈现出一种迷蒙的梦幻景象

美景盘点

胡克谷步道

胡克谷步道长9千米，是库克山国家公园最著名的步道。沿途除了有库克山峰和周围群峰美景相伴，春夏两季青翠的高山草地上，还有如库克山百合等无数美丽的花朵灿烂相迎。胡克谷步道的尽头是终点湖，多半游客在抵达这座蓝色冰河湖后，即按原路折回。往前还有曲折的步道通往胡克小屋，但为了安全起见，必须是有向导同行的队伍，才可继续向前。

普卡基湖

湖水源于冰川，水色碧蓝中含带着乳白，晶莹如玉，平洁如镜。在普卡基湖边，坐落着一个小小的教堂，还有一只牧羊狗的雕塑，它们都静静地守候在湖畔，记载着这里的故事。蓝天、白云、雪山、碧湖、绿色相间的原野和山林，五彩缤纷的花朵，没有人烟，只有大自然的风声掠过人们的耳际。

塔斯曼冰川

1988年，几个来旅游的英国人无意中发现了塔斯曼冰川，据研究，该冰川已有200万年的历史了，长29千米，是世界上最长的冰川之一。但随着环境变化，冰川开始逐渐从山顶融化，形成冰川湖，在阳光的照耀下，如水晶般光彩夺目。

TIPS

①登山者无须持有许可证，但需要在环保部游客中心填写一份旅行申请表。

② 登山、徒步和冰川滑雪可雇当地导游。

③冬攀属于极限运动，仅建议准备充分、经验老到的登山者尝试。

④ 这里的天气变化无常，请做好应对暴雨和大风雪等各种天气的准备。

对于喜欢探险的人来说，这里是不二的选择

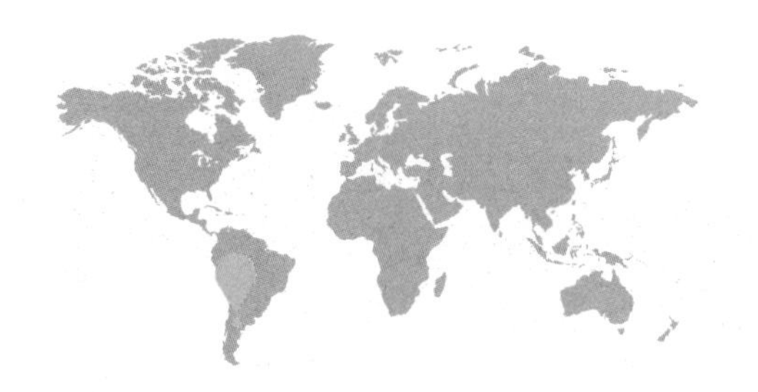

关键词：忧郁、纯净
国别：智利
位置：巴塔哥尼亚高原
面积：2421 平方千米

托雷德裴恩国家公园

绝美中的那点忧郁

只有经历过寒冷和大风的考验，这世界上最神奇的地方、人类能够想象得到的最美的美景才对你开放。

时光无言，任风沙淘尽一切功过悲喜，只剩下德卫尔彻人流下的最后一滴蓝色眼泪。

蓝色，是忧郁的象征。然而，这里的蓝色包含了太多情感，奔放、欢快、沉默、寡言，以及那挥之不去的忧伤。智利托雷德裴恩，地球上最为绝美的蓝色大地，上帝似乎对这里钟情已久，将心爱的蓝色全部倾注在这里，浅、深、淡、浓、灰暗、明亮、复杂、纯净……你想到与想不到的蓝，全在这里，并且以触目惊心的方式一一得到释放。

这里的天空，是蓝色，是几乎美到不掺有一丝杂质的璀璨蓝。偶有云朵飘过，似乎也沾染了一些，将自己涂抹成淡淡粉蓝；群山，是蓝色，是饱经沧桑、浑厚沉重的历史蓝。岁月变迁，只留下斑驳的山体，以及那终年白头的雪景，还有那悲怆苍凉的斗争史。群山寡言，用看不透的历史蓝掩饰着自己的累累伤痕；湖水是蓝色，是纯净到接近透明、如孩童眼睛般闪亮耀眼的钻钻蓝。鸟儿飞过，望着湖面上那多情的倒影，迟迟

山峦起伏，紫色的羽扇豆花铺满山野，风光秀丽

长长的栈道直通湖中小屋，海燕翱翔高空，宛若童话中的世界

不肯离去；冰川，也是蓝色，是深浅交错、分不清此与彼的碎海蓝，依着山，恋着水，藕断丝连中，就这么耗费了所有的美好时光。

当气候变得寒冷恶劣，这时的托雷德裴恩一片肃然，让人望而生畏。但若是有勇士不畏寒风，跋山涉水而来，托雷德裴恩绝不会让他们失望，仿佛是为了犒赏这些勇士，在他们走过了最险恶的路程后，大片闪着光芒的瑰蓝群山与湖水敞开胸怀拥抱他们，这种被冰封的美，消融了一路的艰难，让人窒息。

漫步于托雷德裴恩，大量的河流、湖泊映衬着蓝天，再加上湖水中海藻的作用，使得这里的湖水呈现出一种梦幻般的蓝色调，不由得惊叹自己是否是童话中的精灵？而美丽的拉哥裴赫湖，则如同一块熠熠闪光的蓝色水晶，镶嵌在安第斯山脉间，与日月同辉。

这是一块颇具传奇的血性大地。当西班牙人疯狂地入侵此地时，铁骨铮铮的德卫尔彻人拿起一切武器，投入了保卫家园的斗争中，代价是整个部落的灭绝，只留下意喻蓝色的“裴恩”一词，将这段忧伤传奇钉牢在历史的功过簿上。

如今，战争的硝烟早已散去，这块冰冷的大地上，已经看不见任何的暴烈痕迹，唯有托雷德裴恩——那德卫尔彻人流下的最后一滴蓝色眼泪，绝美中有着化不开的忧郁，向世人诉说着美丽背后的辛酸。

俊俏的白马在云雾缭绕的雪山的映衬下，和大自然融为一体

美景盘点

拉哥裴赫湖

也许是水中海藻的作用，美丽的拉哥裴赫湖呈现出绝美的蓝色，美得让人窒息。《美国国家地理 · 旅行者》的评论："这种蓝色好像不属于自然界，世上再难找出和它一样蓝的东西，倒像是上帝专门为高山上的这片湖水另外创造了一种蓝色似的。"

柯尔诺德裴恩山

对当地人来说这不仅仅是普通山峰，还是神圣的化身。传说这里曾经住着邪恶毒蛇，它制造大洪水想毁灭居住在托雷德裴恩的部落，洪水退后，毒蛇偷去部落内最强壮的两名勇士的尸体，把他们变成石头，当地人相信柯尔诺德裴恩山的两座并列的山峰就是那两位勇士变的。他们不仅守护着臂弯里的那奇异的蓝色湖泊，也守护着生活在托雷德裴恩的人们。

TIPS

①最佳游览时间：1—5月。

②出行最好穿长袖衣服和长裤，并适当涂抹防晒油，抵御紫外线危害。

③宾馆不提供一次性拖鞋、牙膏和牙刷，需要自备。

美丽的小房子点缀在雪山湖水边，显得越发美丽迷人

关键词：气势、生机
国别：美国
位置：怀俄明州西北部
面积：1256平方千米

大提顿国家公园

无法言说的美丽

山峰连绵起伏，千年冰河覆盖着冰雪，野牛、羚羊等哺乳动物成群结队地在奔跑，让人感觉恍若来到世外桃源。

连绵起伏的山丘、终年不融的雪峰、珍珠般的湖泊、生机盎然的牛群，一切的一切，都堪称人间仙境。关于“人间仙境”，人们有多种说法，然而无论是世外桃源还是林海雪原，都无法满足人类近乎苛刻的审美要求。直到大提顿国家公园的出

巍峨的雪山高耸入云、广阔的丛林以及纯净的湖水共同构成了一幅美丽的画卷

现，才最终给出这四字成语最真实的注解。

大提顿国家公园坐落在美国怀俄明州西北部，黄石国家公园以南。公园建立于1929年，主要由长达60千米的大提顿山脉组成。虽然与许多国家公园相比，它要小得多，但非常秀丽，曾有人说，“仿佛整条落基山脉的景致都浓缩在了大提顿”。连绵的雪山、起伏的群峰、幽碧的湖水曾出现在红极一时的奥斯卡获奖影片《断背山》中，壮阔的美景搭配深厚的情谊，使得电影的韵味更加悠长。在美国西部的广阔土地上，壮丽、狂野的气质给予它无法言说却又独树一帜的地貌气质，而终年积雪的山峰则成为大提顿最沉默招摇的景观。

进入园区，从远处看，山丘起伏，几抹白云温柔地将其笼罩；走近时才发现万壑千山拔地而起，格外挺拔高峻。在整个大提顿山脉中，有8座山峰海拔超过3600米，其中最高的是海拔高达4198米的大提顿峰，在高耸的山峰旁，是开满红色小花的碧绿草原；7个湖泊如珍珠般散落在山脚，仿佛是天上的星辰坠落人间。漫步在整个大提顿山脉中，你会发现山色随之变化，而隐藏其中的绝美的高山湖泊达上百个，整个山色同与之相称的蓝天白云浑然一体，你不禁疑心，自己究竟是在凡间，还是在仙境？

大提顿国家公园是全球最大的麋鹿群出没处，也是有名的鸟类栖息地。行走在山水间，麋鹿绅士地和你打着招呼，鸟儿在四周盘旋、歌唱，快乐的气息随着风儿四处荡漾。

大提顿国家公园里没有拥挤的人群、喧哗的街道，取而代之的是一片幽静的旷野以及吃草的牛群。在这里，只有悠闲和随心的自己。

美景盘点

大提顿山

大提顿山峰海拔最高，达4198米。大提顿山脉的山峰群是以近似天主教教堂尖顶形的角度，由湖面直插入云霄的。

杰克森湖

公园内大提顿国家公园内的湖水主要均来自大提顿山脉的溪流及冬季积雪，公园内最大的天然湖泊，长达26千米、最深处有130米。公园内其他湖泊的湖水大多来自大提顿山脉的冬季积雪和溪流，但杰克森湖与之不同，它主要的水源是汇流了黄石国家公园南半部区域溪流的蛇河。

一片郁郁苍苍的林群，其上耸立着山色变幻的高峰，从灰到绿，从绿到黄，浑然一体

TIPS

❶如需住宿旅店，最好提前预订。
❷大提顿公园的门票，在黄石公园是通用的。
❸如驾驶入内，要注意动物，尤其是鹿，它们见车不会躲。
❹大提顿夏天还是比较冷的，带点儿毛衣厚外套还是很有必要的。

关键词：自然、和谐
国别：中国
位置：吉林省东部蛟河市
面积：341.94 平方千米

拉法山国家公园

美妙绝伦的山水画

早知拉法山色好，何必千里去江南。

松花湖，湖周山峰巍峨，湖水清澈澄碧，山奇水秀，如一颗璀璨的明珠，在大地上熠熠生辉

拉法山国家森林公园位于中国吉林蛟河市城北 15 千米处，这里风景秀美，如一幅美妙绝伦的自然山水画。或许，只有“壑岩丹青千尺画，云海仙山一洞诗”这样的句子，才能衬得出拉法山的美。

拉法山，属于长白山余脉，这里群峰峥嵘峻茂，亘立中天。嶙峋的怪石、清幽的古洞，一派宁静的氛围。放眼望去，群山被云笼罩，云层之下是游人，云层之上是仙人。携好友在此，对酒当歌，吟咏歌唱，与红尘做伴，轰轰烈烈，好不畅快。

拉法山起于海拔相对较低的地方，地势非常险恶，入山便峰回路转，探头望去，突兀的山脊直插云霄，让人不由得胆战心惊；

绚丽夺目的金秋红叶

向下望去，在云端萦绕之间隐约可见万丈深渊。在这些惊险之地，景区人员贴心地建有扶手、护栏等安全防护措施，使得游客在感受惊心动魄之时，又能增加其勇气，向更高、更壮观的风景迈步。

与中国其他奇山秀峰相比，拉法山或许并无二致，但因长白山余脉静卧于此，使其多了几分伟岸气派。进入景区，抬头望去，群山环绕，绿树葱郁，人仿佛置身于巨大的山水画中，唯有连绵不绝的安静山脉与你对视。行走其间，葱茏苍郁的树木微微扇动着树叶，留下“沙沙”的声响，有鸟儿唱起愉快歌曲，空气渐渐清新，而心情也渐渐舒畅，好一派鸟语花香、秀色可餐之景。

拉法山的岩洞和象形石名声斐然。这里曾是古人修仙问道之处，或许是沾染了些仙气，这里的“金龟朝拜”“卧象峰”“仙人足迹”……个个惟妙惟肖，像极了那些已经得道成仙的道士，肉身已经坐化，但魂魄渗入这山石中，守护着这片故土。

拉法山是一处仙境，随着时间的流转，变换着不同的风景。春天，一切都刚刚苏醒，懵懵懂懂中探出沉睡了一冬的脑袋四处观望；夏天，在蜜蜂的嗡嗡声中，舒展开来，叶子绿了，花儿开放，莺飞蝶舞中河水看涨，而太阳渐渐地燥热；秋天，在知了不停歇的叫声中，天气渐渐转凉，随着季节的变化，叶子褪去绿色戎装，换上妖艳的火红，向人们展现这最好的秀美；冬天，当第一片雪花飘落时，就宣告着另一个季节的到来，一片寂静、一切雪白，所有的美丽和喧闹被掩盖在这床白色厚棉被下，直待下一年的春天继续萌芽。

这么美的世界，处处是景，四季不同。漫步其中，如在画中游，不禁感慨万千。

美景盘点

庆岭瀑布

庆岭瀑布，如一条白练般挂在崖壁上，37 米的落差，使得飞泻而下的瀑布在深潭里溅起巨大的水花，瞬间就蒙上了一层薄薄的水雾，在阳光的照射下，如彩虹幔帐，哗哗的水声，气势磅礴，极为壮观。

红叶谷

红叶谷观赏红叶最好的季节是每年的 9 月 25 日至 10 月 10 日。由于不同树种对霜冻的反应各不相同，所以叶子有的火红，有的橘红，有的金黄，有的仍然碧绿。阳光下的红叶，好像上帝打翻了手里的调色板，浓墨重彩，艳丽异常。

TIPS

①最佳游览时间：5 月。
② 如果有野猴子一路追随你，就把手里吃的扔给它。
③ 景区活动内容如有变动，以当日公告为准。
④ 山洞众多，登山爱好者不容错过。

庆岭瀑布如白练倾泻而下

关键词：清凉、雄伟
国别：日本
位置：北海道中部
面积：2267.64 平方千米

大雪山国立公园

沼泽与河流的聚集地

登山途中，脚边就是云海，每每往下看时都有一种想跳进去融于自然的冲动。

大地复苏，山坡上积雪未完全消融，一切都充满生机

大雪山国立公园位于北海道中部，是日本最大的国立公园。其总面积超过大阪市的十倍还多，保存有几乎未被破坏的绿荫野地。它以雄伟的火山地形、大片的高山植物、美丽的鱼鳞松和冷杉的原生林而著称。

大雪山是以旭岳为主峰的20多座山峰的总称，过去这里的阿伊奴族人把它称为“神座”或“沼泽河流密布的神秘地方”。即使是在夏季，一些较高的山峰上还是白雪皑皑，与松林和野花遍布的山腰和山脚构成了一条异彩纷呈的风景线。北海道最高的山峰旭岳，山上有300多种高山植物以及大片的原始森林，其山势险峻、飞瀑如织的层云峡、天人峡等被人们所称道。

公园内各个山峰间有许多峡谷，发源于大雪山的石狩、十胜两河，流贯于峡谷之间。位于大雪山东北麓、石狩山上游的层云峡是一处连绵长达20千米、高150多米的大绝壁。峡间数十条飞瀑水花飞溅、溪流湍急、雄伟壮观。

层云峡是位于大雪山国立公园一个狭窄山谷里的旅游温泉度假地，那里有宜人的村庄、游客中心、浴池和美丽的瀑布。它也是进入国家公园步行和远足游览的一个好地方。层云峡索道从最近被再开发的村庄中心的层云峡游客中心旁边出发，随后是坐滑行缆车到黑岳山顶(1984米)，之间的距离徒步旅行需要1～2小时。登上层云峡的最高峰——高1984米的黑岳主峰向下俯瞰，跌宕起伏的山峦,在流水般的行云中若隐若现，漫山的林海和缠腰而过的云海不时交织变幻

长长的木板路蜿蜒于未被开垦的野地中，趣味十足

成一幅幅时而淡雅，时而浓重的水墨画。

尽管有多个不断冒烟的火山口，但旭岳还是不断吸引着滑雪爱好者和徒步旅行者。这座火山曾经呈现出完美的锥形，但在很久之前的一次喷发中毁掉了其中一侧。现在，火山已沉寂了数个世纪。比较困难的是登上旭岳山顶，而对于高级的远足游客来说，经典的大雪山 1 ~ 2 日游的行程是继续从旭岳山顶前往黑岳山顶，从那里你可以下山到达层云峡温泉。其他的远足小道连接旭岳温泉和附近山谷的天人峡温泉。此外，天人峡入口处的温泉街是前往旭岳登山者的基地，它拥有丰富的泉水，属于硫酸盐泉的温泉原本呈透明状，但一接触空气即转变为茶褐色，温泉旅馆为防止太早变色，都以管子直接将泉水引入浴槽中，这也是此地温泉的一大特色。

大雪山国立公园是远足者、室外运动热爱者、鹿和棕熊的天堂。

美景盘点

旭岳温泉

旭岳温泉是旭岳山脚下的一个小温泉度假地，旭岳山是北海道的最高山峰，位于大雪山国立公园内。虽然小村庄只包括十几栋建筑、小木屋、一间美丽的青年旅舍和两三个大旅馆，但其景色宜人，温馨舒适，一般从这里乘坐索道登上旭岳山顶。

层云峡博物馆

层云峡博物馆是一座介绍层云峡与大雪山国立公园相关自然科学知识的地方，收藏许多大雪山国立公园的动植物标本，其中最醒目的是树龄达 390 年的巨木剖面。此外，还可通过高山蝴蝶生态的立体展览、久冻土与柱状节理岩层的景观透视图，与层云峡溪谷和大雪山四季景色等摄影照片，让参观者对层云峡景观与成因等一目了然。

TIPS

❶滑雪季为 12 月 1 日至次年 5 月 6 日。
❷ 从札幌乘坐火车（90 分钟，大约 4500 日元）或乘坐高速公路巴士（120 分钟，2000 日元）可以到达旭川。
❸ 然别湖冰面上建有一座冰屋，为滑雪者提供休憩的场所。

红、黄、绿三色相间的丛林，围绕着清澈的湖泊，使这里变成一个多彩的世界

关键词：神圣、梦幻
国别：日本
位置：东京都，神奈川县，山梨县，静冈县境内
面积：1216.95 平方千米

富士箱根伊豆国立公园

日本最大的国家公园

当白雪皑皑的山峰掩映在樱花丛中，自有一番秀丽和威严。

富士箱根伊豆国立公园于 1936 年 2 月 2 日被日本政府指定为国立公园。该公园主要由富士山、箱根、伊豆半岛和伊豆诸岛四部分组成，是日本最大的国家公园之一，也是最受欢迎的国立公园之一。

公园的主体部分是富士山。日本人崇敬神明，相信山脉中都有神灵存在。富士山是日本最高的山峰，海拔 3776 米，日本人对富士山更是有着无限的敬仰，认为富士山是日本民族精神永生的象征，寄托了所有的崇拜与憧憬，是他们心中的骄傲与梦幻。白雪皑皑的山峰，掩映在樱花丛中，自有一番秀丽和威严。关于富士山终年积雪，还有一个传说，据说，天神拜访富士山神的住处，请求留宿，但是被主人以正在斋戒为由拒之门外。后来天神拜访筑波山神，也请求留宿，结果受到了欢迎。因此，此后筑波山上人流不断，而富士山却遭到了终年积雪的惩罚。

富士山的真正魅力并不仅仅在于它的高度，而是人们登顶后可以放眼天下的那种心情。山四周有“富士八峰”和“富士五湖”，重峦叠嶂，秀水环拱，植物繁茂。山间气候多变幻，晴好的天气才能看到富士山的雄姿，有山有水便有灵性，山中湖烘托出富士山的壮美、神圣。其在不同光线和不同角度下能呈现出多种景色，十分引人入胜。几个世纪以来，其对称的结构受到无数诗人和艺术家称颂，令其名声大噪。

以幽雅宁静而著称的河津七瀑布

虽然富士山已经休眠了 300 多年，但是仍有喷气现象，让人不敢小觑。两条瀑布挂在山的西南麓，哗哗水声带给富士山更多灵动。公园里温泉很多，游览时若感到疲倦，

秋季的景色在红叶的映衬下显得多姿多彩

不如去泡泡温泉，还有保养的功效。

公园还保留着天然纪念物——湿草地植物丛和两千米长的旧东海道杉木林荫道，还有安放着许多地藏菩萨的元箱根石佛群等许多历史遗迹。公园的中央站立着高达 9.7 米，重达 30 吨的青铜像。它向天举起的右手在原子弹的威胁下水平伸出，左手示意和平，紧闭的双眼在为因原子弹爆炸而牺牲的亡灵们祈福。每年的 8 月 9 日，在和平纪念碑前，人们会来悼念因原子弹爆炸而不幸身亡的 75000 个亡灵。

富士山山体高耸入云，山巅白雪皑皑，犹如幻境

美景盘点

富士山

富士山被日本誉为“圣岳”，是日本民族的象征。富士山是日本最高的山峰，其高耸入云，山巅白雪皑皑。整个山体呈圆锥状，一眼望去，恰似一把悬空倒挂的扇子，据说，日本崇尚扇形由此而来。

芦之湖

芦之湖背倚着富士山，是箱根最迷人的旅游景点。湖山相映，不同的季节有不同的景致和情趣。环湖步道遍植青松翠杉，景致十分宜人，湖中有很多黑鲈鱼和鳟鱼，许多日本人经常在此泛舟垂钓和游泳。湖的北岸有两个幽静美丽的小镇——湖尻和桃源台，游客可以在此搭游湖的观景船，游览湖光山色。

TIPS

❶最佳游览时间：春季。

❷ 如需住酒店，最好住在温泉酒店，在露天的温泉池泡温泉，是很浪漫的。

❸ 由于富士山山顶积雪，因此只有盛夏的 7 月份、8 月份才有可能登顶。

关键词：朦胧、妖娆
国别：美国
位置：田纳西州东部和北卡罗来纳州西部交界处
面积：2114.15 平方千米

大雾山国家公园

蓝色优美的飘带

如果说每座国家公园都有属于自己的独特气质和颜色，那么蓝色就是专属大雾山国家公园的主色调。

苍翠的树木、山峰、湖水构成一幅美丽的画卷

位于美国东部北卡罗来纳州和田纳西州交界处南阿巴拉契亚山脉的大雾山国家公园，终年都被淡蓝色优美缥缈的烟雾笼罩，远远看去，整个公园都好像弥漫着一股淡淡的忧郁的雾气，美不胜收，它是美国最受欢迎的国家公园之一。

40 多亿年前，地球上一些最古老的山群在海底蠢蠢欲动，初具雏形；20 亿年前，冰河的末端延伸到大雾山的北面；再后来，造山运动令这里大块山脉上升，植被获得充分雨露日照的滋养，繁衍丛生，落叶树和红针枞占山为王。大雾山的森林覆盖率为 95%，其中 36% 是原始森林，霍瑞斯·凯普哈特曾这样形容大雾山：“大地在这里不曾露出肋骨和脊椎，就连赤裸的岩石也很少看到。”时光的过渡赋予了大雾山别样的质感，令其拥有了不同于其他国家公园的别样妖娆。

如果你指望在大雾山领略一场惊心动魄

森林蒸腾出的水蒸气形成的浓雾，环绕于群山之间，似仙境一般

的冰川奇景或者接连迸发的间歇泉，那还是趁早放弃吧，因为大雾山的美关乎最原始生态的山水原野和重峦叠嶂的自然景观，如同工笔画中最细致的那一笔，具备强大的渗透力，而非震撼力。

这里有充沛的雨水，正因为这样，才为动植物提供了一个非常舒适的生活环境。漫步园中，可以看到动物的身影，千万不要摇树，成群的鸟儿会受惊。园内还有独特的燕尾蝶，它们拥有蓝黑色的礼服，后翼末端似燕尾，故唤作燕尾蝶。它们体形较大，通常在草地和林间活动，以各种花蜜为食。2001 年起，公园实验性地引进大角鹿，使这种巨大而优雅的动物重回大雾山地区。赤面蝾螈也是仅存于大雾山国家公园的特有物种。除此之外，园内还特意修建了野外博物馆，以便游客想象并了解早期的拓荒者及山地农民的生活方式。

层层叠叠的植被占据着你的瞳孔，氤氲

美丽的小径穿梭在青草绿林间，提供游览之便

山上的农场博物馆

水汽从林间瀑布袅袅升起，烤肉与私酿威士忌的醇香味在鼻尖飘浮，美国南部特有的轻柔温润的空气拂过面孔，瞬间唤醒你沉睡许久的视觉、味觉和触觉。这就是大雾山国家公园，这片郁郁葱葱的原始林地像一块未经雕琢的美玉，寂静而持久地展示着自己的原始美貌。

还等什么，赶快来一睹这个“容颜未改的世界”吧！

美景盘点

阿帕拉契小径

阿帕拉契小径是世界上最长的连续步行路径，从西南到东北将公园一分为二。从西南出发，小径从雷雨云山约1685米高的山顶附近穿过，沿着田纳西以及北卡罗来纳州交界处，穿越浓密的云杉林和枞树林到达位于公园最高点、高约2024.8米的克凌曼山山顶的火警瞭望塔。站在瞭望塔上，天气适宜的时候可以纵览克凌曼山全景，还可以看到飞转的流云。远足小径俱乐部负责维护沿途的住所和营地，1968年该小径被指定为国家观光小径。

山上植被森然，苍翠欲滴

TIPS

❶最佳游览时间：春季。
❷公园内有10处营地，可以野营，如果想住宿，Mr LeConte Lodge旅馆是个不错的选择。

关键词：浪漫、安宁
国别：美国
位置：华盛顿西北
面积：3733 平方千米

奥林匹克国家公园

一首平稳温和的四季歌

它与那举世闻名的盛会毫无关联，平淡、含蓄才是奥林匹克国家公园的魅力所在。

暴风山脊最不容错过，在山顶可眺望那峰峰相连的奥林匹克山脉的壮丽景致

奥林匹克国家公园是一个集结了海岸、群山和雨林三处生态系统的地方，被称为“三处合而为一的公园”。这里没有探险者追求的悬崖峭壁，没有大自然遗留的鬼斧神工，但这里因为被冰川隔绝了亿万年，已经有了自己独特的生物体系，世界上其他地方已经找不到的动植物就有十几种。这是一座原始而奇妙的公园。奥林匹克国家公园纵横华盛顿州的奥林匹克半岛，有着得天独厚、多种多样的地貌景观。海岸线、温带雨林、高山地区和一部分干燥地带将公园分为四块，在这里能看到险峻的山脉、温

柔的海岸、湍急的河流和瀑布、广袤的雨林以及突兀的冰川。

公园里最高的山是海拔 2428 米的奥林匹斯山，这座山是以希腊神话中众神所在的奥林匹斯山命名的。奥林匹斯山有着丰富的降雪，冰川林立，其中可可西里冰川是最长的冰川，绵延 5 千米。由于奥林匹克山脉对太平洋季风的阻挡，温暖而潮湿的气流刮到这里便沿着山脉上升并逐渐冷却，然后沿着山脉顺势而下，山顶落雪，到山腰则成为降雨。于是，从顶峰到山脚，春夏秋冬就以这样一种奇特的方式，凝固在奥林匹克国家公园这幅四季图里。

从山顶放眼张望，只见群山峰涌，大湖泊就像一面面硕大的镜子，倒映着蓝天白云；小湖泊仿佛一颗颗珍珠，散落在山间的角落，银光闪闪。更有那数十条冰川，似巨蟒蜷伏于山谷中，在阳光的照耀下发出莹莹蓝光，与漫山遍野的绿色交相辉映。

由于山腰的地方有丰沛的降水，加之本来此地的气候就较为潮湿，多降雨，所以催生出了大片大片的温带雨林。林子里到处插着动植物的识别标牌，热衷于环保的人们轻声轻气绕过这里，生怕惊扰了这一片安宁。

最浪漫的地方要数黄金海滩公园了，落日余晖透过树林投下斑驳阴影，波光粼粼的金黄海面上，不时现出潮水带来的海星、海胆与远处因退潮而露面的水下岛屿。岸边，幸福的一家三口正乐此不疲地玩着飞碟游戏，奔跑欢呼的身影泛起柔光；恋人执手漫步低语，仿佛就这样便可一路走向地老天荒。此时，落日已经在海天交会处沉淀成一幅血红色的水粉画。再转回身，望向那高耸云端的白头山脉，不禁恍惚，一年四季难道就这样轻易地更迭释放。

冰川散布在陡峭的山峰上，冲刷着密集的树林和布满青苔的岩石，显得阴森可畏

暴风山脊是公园内最美丽也是最不容错过的景点

如果用一首歌来形容奥林匹克国家公园，它一定是一首平稳温和的四季歌。既不是嘈杂扰人的现代摇滚，也不是曲高和寡的古典小调。来一趟奥林匹克，体会一次短暂的春夏秋冬之旅，聆听岁月从灵魂轻轻穿过的声音。

美景盘点

新月湖

公园内群山耸立，它们都细致地呵护着柔美的新月湖。这座形似弯月的湖泊，水面平静得犹如一块天然的大镜子。周围云蒸雾缭的青山和清澈见底的湖水交相辉映。不同的天气，湖泊会呈现出不同的景色。天气晴朗时，树木和天空倒映在湖水中，碧蓝深邃。黄昏时，落日洒向湖面，金灿灿的一片。微风吹起丝丝涟漪，在阳光的照射下，宛如一片跳动的金色音符。

暴风山脊

暴风山脊海拔约 1585 米，是公园内最热门的旅游景点。该山脊全年开放，夏季游客可到山脊处做远足旅行，沿着山径一路欣赏山间瞬息万变的云雾。山坡有大片的紫色羽扇豆，随风摇曳。站在山脊顶处，不远处白雪皑皑、峰峦起伏的奥林匹斯山可以尽收眼底。在冬季，飓风山脊也是看雪和滑雪的最佳场所。

TIPS

❶最佳游览时间：7—9 月。
❷ 公园内有特色的营地很多，可以选择在此留宿。

关键词：苍茫、巍峨
国别：埃塞俄比亚
位置：伯根德省
面积：220 平方千米

锡门国家公园

非洲的绿洲

非洲不只有荒芜的沙漠，还有如锡门国家公园一样绿树成荫、芳草萋萋的地方。

埃塞俄比亚有很多神奇古老的山脉，锡门山脉便是其中之一。锡门国家公园位于锡门山脉西部、埃塞俄比亚西北部的伯根德省。因特殊的地形和海拔范围，公园内的花卉和动物保持着相对原始状态，这里还是许多濒危动物的避难所。

优美的环境足以让人忘记烦恼和忧伤，甚至仿佛可以令人瞬间在这如梦幻境中达成永恒的状态。锡门也有它自己的永恒之花——蜡菊。它之所以被称作“不凋花”，是因为即使在干枯之后，蜡菊依旧可以保持其姿态和颜色。它的花期也特别有意思，在晴天时开放，将艳丽芳姿呈现在你面前；但是在雨天和夜间会关闭，到那时任你百般讨好，它也对你不理不睬。此外，拥有浓郁香味的百里香大量地生长在这里。百里香的叶子为轮生，巧妙地生长在茎上，自上而下俯视，宛如一朵朵翠绿的鲜花。花很小，萼片呈绿色，而花冠却是最典雅的紫色和白色，花瓣的形状犹如美人的半片樱唇，娇俏地生在繁密的绿叶之间。孤独之花——欧石楠也扎根于此。如果你认为它是独生的，那就错了，它们常常成群结队地驻扎在悬崖峭壁上，俯视着这片苍茫的大地。叶子又细又小，花朵也是出奇袖珍，每一朵花都是菱形，直径还不到半厘米，玲珑无比。当冰雪肆虐的时候，其他花卉都已是叶落花残，小小的欧石楠，却挺着娇小的身躯，在冰封的荒原倔强地生长，漫山遍野，从不凋萎。所谓的孤独，也许指的就是这种“凌寒独自开”的气质吧。

两只在草地上玩耍的狮尾狒狒

繁茂的高山森林

不光植物种类多样，锡门国家公园的动物也很丰富。这里是狮尾狒狒、鬣狗、豺、秃鹫、只在该地生活的瓦利亚野山羊和其他很多珍稀动物的栖息地。如果你看到瓦利亚野山羊中的公山羊抛弃了自己的友谊，用长长的角与自己的同胞决一高下的话，那就是想赢得母山羊的芳心，从而为自己繁衍后代。因在埃塞俄比亚的锡门山被发现而得名的锡门豺只有 120~160 头，生活在植被一般不超过 25 厘米、比较低矮的高山草原和山地。由于生活区域狭窄，生存竞争比较激烈，有领地的群落之内只能有一对繁殖的狼。流落在领地之间的无家可归者会交配，但是由于没有领地给它们提供食物来源，这种情况下生产的幼崽很难存活。群落中地位低下的雌狼会主动

公园美丽的景色

成群结队活动的狮尾狒狒

帮助首领照顾新生儿，甚至给它们喂奶。

锡门告诉人们，非洲一样可以有绿洲，有生机勃勃的物种。

美景盘点

岩石教堂

锡门文化源远流长，其中拉利贝拉的岩石教堂不得不提，它们是埃塞俄比亚人的圣地，日日受着教徒的顶礼膜拜。和一般教堂不同的是，岩石教堂拥有着不平凡的出身——它是在整块火山岩上一锤一斧敲凿出来的，这样的教堂，一共有 11 座，壮观神圣。岩石教堂浩繁的工程和精巧的设计不仅是埃塞俄比亚人民智慧的体现，也是基督教文化在埃塞俄比亚繁荣发展的产物。

TIPS

❶最佳游览时间：10 月至次年 6 月。
❷园区不允许露宿，若是选择在园内居住，应提前预订。
❸酸酸的“英吉拉”，味道鲜美，不容错过。

第六章

入——丛林海洋

大堡礁、黑森林……

犹如童话般的世界，

是鸟儿、鱼儿、

珊瑚……的伊甸园，

神秘的天堂美景等待着

你去一探究竟。

左图：张家界的山大多拔地而起，山上峰峻石奇，林海莽莽，仿佛置身于仙境之中

关键词：美妙、梦幻
国别：马拉维
位置：马拉维湖南端
面积：94 平方千米

马拉维湖国家公园

一颗璀璨的东非明珠

这是一颗璀璨的东非明珠，是一条奇特的河流，也是鱼儿的伊甸园。

探索马拉维湖岩层风景的皮划艇运动员

清澈见底的湖水、迷人的岛屿都掩藏在东非大裂谷中。在这里，可以看到陡峭的岩石湖岸线、细软稀松的沙滩、树林茂密的山坡和沼泽。游客可以搭乘小船在湖中游览，尽情欣赏四周的湖光山色，湖中生活着 550 多种淡水鱼。这就是地处马拉维湖的最南边，为鱼类和水生生物而建立的马拉维湖国家公园。

“马拉维”在尼昂加语中是火焰的意思，原指金色的太阳照射在湖面上，湖水泛起一片耀眼的火焰般的光芒。用作国家和湖泊的名称，则意为美丽富饶的国土上有一个火焰

◘ 泥地里凶狠的鳄鱼

般闪光的湖泊。这是一颗精致的璀璨明珠，这一汪深邃碧透的稀世珍宝心安理得地被埋藏在这有群山相伴的非洲腹地，与世无争。

形成于200万年前的马拉维湖发育成独立的生态地理分区,或由沙质平原一脉相通，或挨着倒影遥相对望，湖中的岩石岛屿各自精彩又藕断丝连，倒也风情万种。在这深蓝湖水里潜水，你能感觉到明显的分层现象：刚开始水温还是暖洋洋的，再深处便是彻骨寒气，让人疑心是否在同一时间进入了两条截然不同的河流。而到了湖底，马拉维又会奉献出令人意想不到的水底幻境：一尾尾玲珑精致的热带鱼穿梭于水底沙堡里，你迎我往中还保持着不同族类间的条理分明。你会觉得是自己不小心闯入了鱼类的王国。在繁多的鱼种中，以丽鱼最具代表性。丽鱼十分美貌，数量上千，有的重上千克，有的仅重几克。其中一种蓝色的丽鱼更加耀眼，它们全身除了眼睛是黑色的之外，身体其他部位都为蓝色。丽鱼是世上最尽职、最慈爱的鱼类。它们的繁殖十分有趣，雌鱼将鱼卵含在口中受精孵化，孵出的小鱼直到黄囊消失才从母口里离开。小鱼成群结队地环绕着母亲嬉戏、觅食，而雄鱼则在它们四周巡逻，随时警惕着危险情况的发生。其实，在世界上的所有湖水中，马拉维湖才是所有鱼儿真正的伊甸园。若不是突然扎入的白胸鸬鹚扫了这番绝好雅兴，早已看迷了眼的游人是绝对不舍得离开的。

鱼类的天敌——鱼鹰也栖息于此。非洲鱼鹰的头部和脖子是白色的，翅膀呈黑色。嘴像弯钩一样，再配上锋利的爪子就是捕鱼的利器。鱼鹰在水面低空飞行时，伸长自己的双脚和脖子，一旦猎物出现，便用利爪发出致命一击，之后将鱼类拖回住处饱餐一顿。

就像鱼和鱼鹰一样，凡事都是这样，生命就在消逝中循环，维持着自然的平衡。美景给我们的不仅仅是感官享受，有时也会让我们思考人生。

美景盘点

马拉维湖

狭长的马拉维湖由南往北延伸约500千米，东西宽度为32～80千米，面积在非洲淡水湖中排名第三。整个湖泊被绿水、青山和烟雾笼罩着，湖面波光粼粼，一望无边。搭船漂荡在湖中，湖水清可见底。岸边崎岖陡峭的岩石、长满树木的山坡与碧绿的湖水共同构成了一幅美妙的图画。

利科马岛

利科马岛位于马拉维湖中，岛上有传教机构和一座圣公会大教堂。

TIPS

❶公园中有多处酒店和旅馆，可以选择住宿。

❷6—8月是旱季，旱季末期是观赏野生动物的最佳时机。

❸马克里尔海角的休闲娱乐场所异常火爆，喜欢热闹的人士可以去看看。

停息溪畔的锤头鹳

关键词：清秀、剔透
国别：中国
位置：浙江省淳安县
面积：970 平方千米

千岛湖国家森林公园

世界闻名的绿色明珠

如果这里不是童话的世界，那一定是哪个画家遗落的一幅画。

风光旖旎的湖边小镇

被誉为“天下第一秀水”的千岛湖国家森林公园，融山、水、林、岛于一体，风光秀丽。中国淳安历史悠久，文化发达，名人辈出，文物古迹众多，素有“文献名邦”之称。李白、范仲淹、朱熹等也曾到过淳安，留下许多动人的传说、脍炙人口的诗篇佳作和内容丰富的文物。

千岛湖是由新安江水电站拦江大坝蓄水而成的人工湖，因湖内有大小岛屿 1078 个，故名千岛湖。郭沫若先生曾欣然赋诗：“西子三千个，群山已失高；峰峦成岛屿，平地卷波涛。”千岛湖水色晶莹透碧，能见度高。湖中岛屿林木苍翠欲滴，森林覆盖率为 82.5%，绿植率为 100%，故千岛湖有“绿色千岛湖”美称，千岛湖国家森林公园现已成为一颗闻名于世的绿色明珠。

千岛湖湖面宽阔，山环水拥，山中有湖，烟波浩渺，犹如仙境。湖水澄碧晶莹，湖面开阔，视野宽广，远观还可见水天相接、起伏的山峦若隐若现。狭窄处，山重水复，曲折幽邃。西湖之秀，太湖之壮，千岛湖兼而有之，人们赞誉“千岛湖水人间稀”。据说，千岛湖汇集了很多山泉，天然矿泉水“农夫山泉”就取自千岛湖 70 米深处。这里除了碧水，就是数不清的岛屿。鸟瞰千岛湖，像一只展翅的金凤。那一千多岛屿或散而跌落湖中，若块块翡翠，伶仃独居；或聚而列成群岛，似堆堆碧玉。有的像腾舞的青龙，有的似跃然而起的烈马，时而双峰对峙，时而锦屏挡道。船到岛前，峰回路转，错落有致，有岛皆秀，有水皆绿，奇特的湖湾组成了一幅幅似相隔实相连的山水长卷。

在森林、水体与岛屿的共同作用下，千岛湖的气象变化万千，清晨：水、岛、天一色，迷茫而神秘、随着“初日照高林”，林、岛、石、

◘ 湖中有岛，林木繁盛，船到岛前，奇特的湖湾组成了一幅幅似相隔实相连的山水长卷

湖便一览无余了。此时湖平如镜，天上的彩云在水中徘徊，岛屿与湖岸群山都倒映在湖里，一色青青，情意缱绻；夕阳西下时，当云层豁然开朗之际撒出它最后的光芒，将群山染成一片紫绛。有了森林，这里自然是珍禽异兽、昆虫的栖息之所。引进的狒猴等动物，也使千岛湖充满了勃勃生机。

奇丽多姿的峰岩洞瀑也是千岛湖的特色。其中以绵延十余米的赋溪石林最奇特。千姿

◘ 湖内美丽的金鱼吸引着游客驻足观看

◘ 龙山岛风光

百态，气势雄伟，真可谓是鬼斧神工、惟妙惟肖，令人赞不绝口。石灰岩山地溶洞也分布较多，洞内有石笋、石幔、石峰，形状各异，玲珑剔透，五彩缤纷，犹入仙境。此外还有天堂、流湘、龙门等瀑布，飞瀑直泻，宏伟壮观。

放下一切来到这儿，好似置身诗画，仿若仙界。

美景盘点

孔雀岛

孔雀是最美丽的观赏品，被视为百鸟之王，它是吉祥、善良、美丽、华贵的象征。孔雀岛林木繁茂，空气清新，修篁流泉，鸟语花香，良好的自然景色和生态环境，是孔雀栖息繁衍的理想之地。孔雀园内现有花孔雀、白孔雀、蓝孔雀、绿孔雀 4 个品种，1000 余只，甚为壮观。

龙山岛

龙山岛距离淳安县 5500 米，因形似苍龙，故得名龙山岛。岛上有一座海瑞祠，那是 1562 年清官海瑞任职期满，后来百姓为缅怀他的勤政业绩所建。直到 1959 年，千岛湖形成，祠堂旧址沉入水下，新祠堂于 1985 年重建，为庭院式砖木结构，字碑皆是出自名家之手，古朴典雅，不失为缅怀先贤的好地方。

TIPS

❶最佳游览时间：9—11 月，秋高气爽，平均气温在 12~18℃，雨少。4—5 月也不错，不过雨多，切记带好雨具。

❷ 千岛湖镇上的鱼味馆堪称中国淡水鱼品尝中心，在此品鱼无疑是人生一大享受，不可错过。

❸ 每年 7—10 月这里还举办“野营篝火节”，野趣横生，是千岛湖新兴的热点景观。

关键词：缥缈、灵秀
国别：中国
位置：湖南省西北部
面积：130 平方千米

张家界国家森林公园

大自然的宠儿

“清清流水青青山，山如画屏人如仙。仙人若在画中走，一步一望一重天。”

——梁上泉《画中游》

山间云雾变幻无穷，仪态万千，时如江海翻波，涌涛逐浪；时若轻纱掩体，缥缈虚无

张家界国家森林公园是中国第一个国家森林公园，这里“以峰称奇，以谷显幽，以林见秀，三千奇峰，八百秀水”，各种珍禽异兽奔走其间，各种奇花异草竞相争艳，雾气氤氲缭绕在山头，使得公园俨然有种仙家气派。

张家界国家森林公园之所以能够承载如此多的盛誉，不仅在于园中 130 多处精华景点，更重要的是它能够将灵动生物与山水意境很好地结合起来，共同书写成一幅唯美画卷，洋洋洒洒展现出一派自然风光。

张家界市，因当年汉留侯张良舍弃荣华

在草丛散步的小豹子

富贵，与子孙后代避居于此而得名。其所处的区域，千万年前原是一片浩瀚的海洋，随着时光的星移斗转，地质构造潜移默化地变动，最终变成了以石英砂岩为主的独特地貌。以此为载体，其间幽谷深潭曲折延伸，奇峰怪石森然林立。行走其中，各色山花傲然盛放，有微风拂过，带来阵阵花香，若有幸俯瞰全景，那份震撼欣喜是无与伦比的。

张家界森林公园的总面积约130平方千米，这里气候温和，一年四季景色各有千秋，春时花开遍野，夏时绿荫满目，秋时枫红果艳，冬时银装素裹。在这片被大自然圈出来做私家藏宝阁的土地上，森林覆盖率高达98%，动植物资源则异常丰富，在其中穿行，要随时做好为那美妙风光惊叹的准备。满目青翠欲滴的树木似乎要将衣衫染绿，被云雾笼罩的壮伟峰峦让人生出飞升翱翔之感，那一汪汪清澈明亮的溪水如同多情少女的眼眸，只随意一瞥，心神便再难从中移开，溪畔开得烂漫奔放的兰花和百合是大自然为这“少女”做的装饰，鱼儿不时跳出水面，荡起一圈圈涟漪，也使得溪水多了一份调皮。

作为大自然的宠儿，公园最令人折服的莫过于那片如刀削斧劈般傲然耸立的山峰。它们岿然不动，峰顶郁郁葱葱，雾气缥缈，曾作为好莱坞大片《阿凡达》中潘多拉星球的原型。这里峡谷密布，森林葱郁，云豹、猕猴、灵猫、穿山甲等各种动物欢聚于此，它们在峰林山谷间奔窜，在溪流清潭间游戏，各自寻找自己的乐园。

在张家界森林公园里游玩，很容易产生误入别人家后花园的感觉，想要为这些鲜活灵动的主人公让路，但又无法放下与它们亲近的渴望。在这里，你或许能与穿山甲一同悠闲行走，轻抚它坚硬的鳞片；与温婉多情的鸳鸯讨论浪漫诗意；甚至可以与云豹和华南虎亲密接触……谁能抵得住与大自然如此深情的相拥？

盘山而上的天门山天路

美景盘点

金鞭溪

张家界国家森林公园的核心景点，河流曲折蜿蜒，全长 5710 米。从公园门口进入后，往前步行 300 米左右就是金鞭溪的入口。这里有珍禽异兽、奇花异草，穿行其中，让人不禁感叹自然风光的美好。

黄石寨

“不上黄石寨，枉到张家界”，位于公园中部的黄石寨，海拔 1080 米，寨顶面积约 16500 平方米，四周悬崖绝壁、绿树丛生，有 20 余处观景点，是俯瞰全景的最理想去处。同时，黄石寨的峰石溪谷也是灵猫、娃娃鱼、红腹角雉的栖息地。

黑枞垴

是一片保存完整的原始森林，位于黄石寨的东北方向。森林里生长着如银杏、珙桐这些千万年前遗留下来的“活化石”，十分珍稀、罕有。

袁家界

位于森林公园的北部，可以称得上张家界的“掌上明珠”，东邻金鞭溪，远眺鹞子寨；南望黄石寨，连接天波府；西通天子山；北有索溪峪。它得天独厚地占据了张家界最核心的地理位置。这里风景优美，有张家界“十大绝景”之一的“天下第一桥”。

迷魂台

一个能将万千景物尽收眼底的岩顶平台，位于袁家界向东 800 米处。雨后初晴时，这里云雾缥缈，群峰若隐若现，呈现出令游人神魂颠倒之姿，因此得名“迷魂台”。

TIPS

❶最佳游览时间：3—8 月。
❷ 最好带上雨具，以防突然降雨。
❸ 公园内较为潮湿，蚊虫较多，做好防蚊措施。
❹ 在张家界市回龙路与人民路交叉口的汽车站，有不少班次直达森林公园，每 10 分钟一班。
❺ 当地的饮食口味偏辣，其中的岩耳、葛根炒腊肉、酸玉米炒蛋值得品尝。

关键词：童话、梦幻
国别：德国
位置：巴登－符腾堡州
面积：6000 平方千米

黑森林国家公园

童话的世界

褪去尘世的浮华，来到童话的世界，做一场童话般的梦。

巴登城的娱乐场所

黑森林位于德国西南巴登－符腾堡州，因其植物繁茂且覆盖面积广，远远望去黑压压的一片，故被称为“黑森林”，其实这是一个童话的世界。这里总让人忆起灰姑娘迷人的舞姿和白雪公主靓丽的容颜，穿上童话的玻璃鞋，乘坐着南瓜马车，循着布谷鸟的叫声一路疾驰，跨过清亮澄澈的莱茵河，当大片大片的苍翠森林往后倒退时，似乎看到七个小矮人的木屋，壮丽的城堡在前方若隐若现……

黑森林是多瑙河与内卡河的发源地，极具地中海宁静优雅的风情。按照其色彩的浓淡，人们把黑森林分为北部黑森林、中部黑森林和南部黑森林三个部分，每一个地区都有着不同的韵味：或清新雅致，或含蓄温柔，或童话梦幻。

松树与杉树伴生，密密麻麻形成了一大片浓得化不开的绿，浓郁得看上去仿佛黑色一般，这便是北部黑森林。在这一片墨色之中，一汪汪清澈泛蓝的湖水点缀其间，这星星点点的蓝色一下子就将黑压压的绿色变得活泼起来，有着难以言喻的美丽。而漫步

黑森林里种满了冷杉树，满山遍野树木林立，叶色绿得发黑

在环湖小道，湖水与山间森林的清凉气息会迫不及待地涌入鼻腔。

中部黑森林随处可见德国南部风格的木制农舍建筑，整齐优雅的灌木林隐藏着若隐若现的森林小屋，让人仿佛走进了童话《白雪公主》的世界，想要寻找那七个善良的小矮人。

南部黑森林接近瑞士的草原风光，连绵不绝的大草原仿佛一段唱不完的曲子，如风如雾，愉悦着每个人的心灵。这里气候温和，是德国最大的休养中心。

除了优美的自然风光，野生动物们也愉快地生活在这里，鹿是生活在这里最常见的野生动物之一，极其容易受到惊吓的小鹿总是容易激起人们的保护欲。还有诸如站在树枝上瞪大眼睛的猫头鹰、活蹦乱跳的野兔、毛茸茸的小松鼠和拖着大尾巴的狐狸，甚至是庞大笨重的熊，它们自由自在地生活在森林里，编织着新的童话故事。

这里还有一种童话世界的手工艺品，黑森林地区的特产——咕咕钟。咕咕钟早在1640年就开始制作了，而蒂蒂湖区正是它的故乡。踏入蒂蒂湖所在的小镇，仿佛来到格林童话里的神奇世界，没有喧嚣的市井，没有浮华的高楼，有的只是石块铺设的干净街道和悠闲自得的人群。小镇有不少咕咕钟店，推开门进去，店内四壁上挂满了琳琅满目的咕咕钟，纯手工制作的钟上还能闻见杉木的清香，看见清晰的树纹。清脆动人的布谷鸟叫，让人仿佛步入密林的曲径通幽处。从这些充满童话色彩的民间手工艺品——咕咕钟中不难感受到，严谨的日耳曼民族其实也有着浪漫情怀。

美景盘点

巴登城温泉

这是一座具有悠久历史的浴场城市，堪称欧洲最热的弗里特里希温泉浴场就在巴登城。此泉深 2000 米，温泉水温为 62 ~ 68℃。这里有华丽的酒店、宏伟的宫殿和宽阔的浴场，早在 19 世纪时，它就是德国上层社会和欧洲权贵的聚首之地。此外，这里还有德国最古老的赌场和古罗马时代的遗址供人参观游玩，在这里能感受到厚重的历史和地中海源远流长的文明。

弗赖堡

弗赖堡是一座拥有着森林般气息的小城，一栋栋泛着怀旧味道的古老建筑立在鹅卵石铺就的人行道两旁，城市的巷道之间流水潺潺，处处可见源自黑森林的清澈小溪。传说游客若不小心掉入溪中，就会在这里找到爱情，尽管历经了第二次世界大战，弗赖堡依然以原貌来重建，所有街道都呈现出略带中世纪味道的古老风情，而随处可见的街头艺术和弗赖堡大学的文风更是在小城中蔓延，让人感受到了独特的生活哲学。

充满森林气息的弗赖堡

TIPS

❶最佳游览时间：7—8 月。

❷ 黑森林火腿、黑森林蛋糕、蜂蜜是当地的特产。

石块上布满绿苔，为森林增添了几分神秘感

关键词：探险、神秘
国别：哥斯达黎加
位置：科库斯火山脉的中心
面积：26 平方千米

科库斯岛国家公园

潜水者的梦幻乐园

这孤悬于太平洋上的孤岛，始终蒙着面纱，吸引人们前来探险。

海中尽情享受假期的年轻夫妇

漫无边际的汪洋，海平面上，逐渐显现一片森然的阴影，近了看，才骇然发现那是一座孤岛，这座科幻惊悚小说里出现过上百次的荒岛就是哥斯达黎加的科库斯岛。科库斯岛国家公园距离太平洋海岸大约 550 千米，是太平洋东岸唯一的热带雨林岛，和《失落的世界》里描述的场景一样，雾气不动声色地笼罩着岛的上空，巨大的灌木丛和芭蕉树扇动着枝叶，此起彼伏，风把岛上不知名的兽类号叫声捎到耳边，于是每接近一米，心跳就愈加剧烈。

科库斯岛拥有优越的地理位置，暗礁林立，悬崖峭壁，为 17 世纪的海盗提供了一个天然的根据地，据说，大量的金银珠宝被埋藏在这里。那些年，海盗们把它当作劫掠商船的最佳出发地和后勤供给基地。那是一个混乱嚣张的年代，海盗们掠夺了大量金银财宝，吸引后代们趋之若鹜，纷纷前来探险寻宝。

神奇的传说、宝藏的秘密、秀美的风光驱使着探险者肆无忌惮地纷纷踏上这座宝岛，疯狂地探寻宝藏的下落。因此，在那段时间，科库斯岛的生态受到了较为严重的破坏。为了保护科库斯岛的生态环境，哥斯达黎加政府决定封闭该岛，严禁任何人破坏岛上环境。因此它与世隔绝，很多濒临灭绝的生物才得以保存下来，这些生物在这个与世隔绝的地方不断地进化出全新的物种。在这块不及全世界万分之一的土地上，却孕育出超过世界 4% 的物种。岛上地势险要，悬崖、丘陵和陡壁上爬满了密密麻麻的各种时代的植物，这些植物演绎着生命进化的历程。公园中 70 多种动物，有很大一部分是地球上别的地方看不到的，或者已经灭绝的。在这些珍稀物种中包括金刚鹦鹉和锤头鲨等。

科库斯岛被公认为是世界十大潜水胜地之一，是潜水人的梦想之地。“世界上没有别的地方会像科库斯岛般有这么多大鱼济济一堂。在这里只要潜一次水，就有机会与成千上万的鱼近距离接触。”水下的科库斯岛世界，红唇蝙蝠鱼既性感又搞笑；大鳐鱼和白鳍鲨肩并肩一起打瞌睡；丝鲨与成群的海苴鱼一起畅游；蝠鲼与斑点鹰鳐跳舞狂欢。这里也是鲨鱼的天堂，有鲸鲨、锤头鲨和白鳍鲨，还有魔鬼鱼和金枪鱼等其他鱼类。

岛上遍布奇形怪状的礁石和形态恐怖、迷宫一样的地下暗洞。除此之外，还有千姿百态的瀑布，俨然一个岛中王国。如果你怀着一颗寻宝的心来到这里，那么，别再拘泥于总也找寻不到的宝藏，请收下大自然这珍贵的馈赠吧。

礁石上的小木屋，观赏大海的好去处

美景盘点

蝠鲼

游客在潜水的过程中，幸运的话，可以看到有着“水下魔鬼”之称的独特动物——蝠鲼。它们因在海中优雅飘逸的游姿与夜空中飞行的蝙蝠相似而得名“蝠鲼”。蝠鲼虽然体形庞大，但却从来不会主动攻击人类，反而会与潜水的人近距离接触。潜水的游客可以放心地用手去抚摩它们的身体。

TIPS

❶岛上可供住宿的地方不多，游客一般选择在乘坐的邮轮上住宿。
❷热带水果和海鲜是当地的特色美食。

在山上远观整个海岛，美景尽收眼底

关键词：悠久、魅力
国别：马来西亚
位置：沙捞越州
面积：27.27 平方千米

巴科国家公园

奇特的美丽景观

徒步游走在仙境与凡间交界的边缘，仿若这里不是人间，是天堂。

巴科国家公园虽然面积不大，却是沙捞越州历史最悠久的国家公园。由于百万年来的海浪侵蚀，巴科有着由陡峭的悬崖、奇特的石岬和白色沙湾组成的美丽海岸线，是最受欢迎的国家公园之一。

海滩、草地、红树林、沼泽湿地……这些生态环境不仅本身具有独特的魅力，还滋养了各种各样的动植物。巴科拥有婆罗洲几乎所有的植物类型，其中最为独特的就是猪笼草，因其形状像猪笼，故称猪笼草。它们拥有一个独特的吸取营养的器官——捕虫笼，捕虫笼呈圆筒形，下半部稍膨大，内有消化腺和蜡质区，笼口上具有盖子。另外，巴科还是婆罗洲原生的长鼻猴的家园，现有约 150 只居住在公园内。长鼻猴特别喜欢栖息在沿海或沼泽附近的红树林、棕榈林中，而现在因为旅游业的发展，红树林的采伐使栖息地遭到了破坏，长鼻猴已经成为濒危物种，仅生存在印尼地区的少数岛屿和保护区内。公园的其他的动物还有长尾猕猴、银叶猴、水獭等。巴科也是适宜观鸟的地方，这里生活着 150 多种鸟。

神奇的食肉植物——猪笼草

巴科拥有一条由奇特的石岬和陡峭的悬崖组成的海岸线，这种奇特而壮观的地形地貌源于千百年来海浪的侵蚀。大自然的力量将巴科的岩石雕琢得奇形怪状，别具一格，有的如同拱门，有的如同擎天一柱。那些千奇百怪的砂石岩壁和岩石色彩鲜艳，奇特壮观。你可以在海岸沿线发现这种呈现红色

◘ 丰富多彩的野生植物围着河边展开来，远处的小屋则成了万千绿中的一抹亮色

熨斗状的砂岩地貌，也可以在公园入口处看见傲然挺立的奇特巨石。

徒步无疑是观赏公园的最好方式。公园拥有一个由 17 条完善的徒步旅行步道组成的网络，供游人自由探索自然之美。林堂线长约 5 千米，是游人常走的路线，沿途经过雨林、独特的砂岩地貌、美丽的海岬和海滩。隐蔽而原始的海滩、挺拔的红树林、清澈见底的河流、壮丽的瀑布、陡峭险峻的悬崖石壁，让大自然爱好者们恋恋不舍。走过一座座木桥，绕过一条条小径，跨过一道道小溪，慢慢去聆听大自然的哼唱，也别有一番趣味。

美景盘点

长鼻猴

多种多样的生物群落是巴科的特色，其中长鼻猴是最为独特的一种。长鼻猴原产于亚洲东南部的加里曼丹岛。它们因鼻子长得硕大而得名。如同茄子一般挂在面部的长鼻子，随着它们在树间跳动而摆来摆去，特别有趣。长鼻猴是群居动物，每个群体有一只成年雄猴为首领，有着严格的社群制度。

TIPS

❶最佳游览时间：4—7 月。
❷ 旅游旺季需要提前预订酒店。
❸ 记得做好防蚊措施，无论徒步还是住宿都需要。

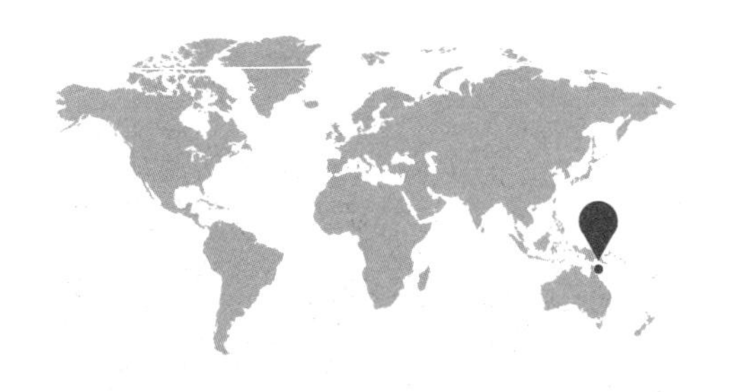

关键词：斑斓、绚丽
国别：澳大利亚
位置：昆士兰州东岸
面积：20.7万平方千米

大堡礁海洋公园

珊瑚的传奇王国

这是一道壮丽的珊瑚长城，是蔚蓝深处的珊瑚传奇，这就是地球上最美丽的珊瑚海。

蔚蓝的天空，清澈的海水，来往的船只，组成了一幅美丽的风景画

蔚蓝的一片海域，承载着即将消逝的奇迹。这里是热情洋溢的南半球，这里的海水温润如春，珊瑚娇美如玉，风景引人入胜，这里就是大堡礁。

这全世界最长最大的珊瑚礁群，纵贯澳大利亚的东海岸，全长2011千米，最宽处161千米，乘坐直升机可以清晰观赏这道壮丽的珊瑚长城。纯净的海水仿佛在地球母体内荡漾了千年，如同一块巨大的蓝宝石，安静地蛰伏于五彩斑斓的珊瑚礁周围。湛蓝的天空万里无云，海风在大堡礁体内穿越。这里的色彩纯度如此之高，摄人眼球。

整个大堡礁，其实是由无数绚丽多彩的珊瑚礁岛组在一起，经过时光雕琢，才形成今日的奇观。这些礁岛有的露出海面几米甚至几百米，再辅以绿意盎然的丛林、缤纷明媚的纯白沙滩，这岛上的一切便都洋溢着明艳妖媚的热带风情；有的则半隐半现在海中，各色形态奇异的鱼类在珊瑚丛中翩翩起舞，“浪漫”成了此时此刻此情此景唯一的关键词。

珊瑚虫是这里真正的创造者，这些4.7亿年前的古生物对生存环境挑剔至极，它们能够分泌出碳酸钙骨骼，一旦选择好了安家地就会世代繁衍，不离不弃。老珊瑚虫的遗骸造就了新珊瑚虫的新生，而新一代则在其上向高处和两旁继续发育，日积月累，如此循环，便逐渐堆积成如今形态繁复、体积庞大的珊瑚礁体。远远望去，礁顶在海水中若隐若现，如碧蓝的海中央绽放出无数艳丽花朵，姹紫嫣红，光芒四射，令人瞠目结舌。

来到大堡礁，一定不要错过坐透明玻璃

坐在岸边的凉亭里，吹着海风，看着来往船只，一切都是那么惬意

在海底观赏五颜六色的珊瑚群是游客最大的乐趣

在几近透明的海水里游泳是一种非凡的享受

游船进行海中观景。在这里，珊瑚取代了榆林，鱼类和软体动物取代了鸟兽，珊瑚礁如同一棵棵倒长的大树，从深不可测的幽暗之处盘旋而出，各色珊瑚如同用玉雕琢的枝叶，在“大树”的两旁妖娆地伸展着。各种各样的热带鱼从你身边优雅地游过，斑斓的色彩如飘忽闪烁的焰火，令人目不暇接。在这集三千宠爱于一身的海底世界漫游，你大概除了惊艳，就只能惊叹了。

这是完全不同于地上的另一个世界，这是海底的天堂，上帝的宠儿。那么，还等什么？让海水清洗躯壳，徒留灵魂在美景间遨游不息吧。

美景盘点

心形岛

心形岛是大堡礁一道奇特的景观，从空中俯瞰，此岛宛如一个天然的心形。传说，第一眼看到心形岛时，许下的愿望特别灵。当有一天，心形岛就浮在你的脚下，一定要轻轻闭上双眼，许下心愿。还有一个更美丽的传说， 如果在这时，有人吻你，你们的爱情就会得到上天的祝福……

TIPS

❶最佳游览时间：5—10月。
❷现场烹饪的生蚝味道鲜美，值得品尝。
❸澳大利亚龙虾不容错过。

关键词：幽静、梦幻
国别：美国
位置：加利福尼亚州西北部
面积：504 平方千米

红杉树国家公园

童话中的森林

震撼心灵的庞大生物、森林巨人。

你是否有过这样的梦境——在森林中，一片树海茫茫，那一棵棵堪比摩天大楼的参天大树向前延伸，毫无止境。你试图仰头寻找出路，高大的树木遮住了你的视线，无论如何也看不到天在何方。那一刻，你会不会认为自己误入了童话中的森林？

杉树下睡觉的黑熊

其实，这并不是童话，它真实地存在着。在美国西部加利福尼亚州西北的太平洋沿岸，有一个绵延近 600 千米的红杉树国家公园。公园内生长着地球上最高的树种——美国红杉，它经历过“恐龙灭绝”的白垩纪，勇闯“冰河期到来”的艰苦时代，历经地球上的环境变迁、世纪变更，直至今天仍顽强地挺立着。这些生命，最高逾百米，直插云霄。树木最上端的 30 米枝繁叶茂，像一把撑开的巨大遮阳伞，用绿色将天空遮蔽，而最下面的 30 米却没有任何旁枝末叶，唯有粗壮的深红色树干，如同一幅瑰丽的画卷，把自然界神奇的进化史向走进红杉树国家公园的人们娓娓道来。

得益于优越的地理位置，每天从太平洋飘来温暖的海雾，使得公园内一片潮湿，有助于各种植物的生长。对于游客来说，清晨是游览红杉树国家公园的最佳时期。星辰还未在天边褪去光影，薄薄的雾气笼罩在加利福尼亚州北部沿海一带，红杉树林在薄雾里若隐若现，如梦境一般，异常迷人。从太平洋吹来的海风湿润清凉，空气里弥漫着树木和泥土的清香。清晨的树林一片寂静，鸟儿的歌声如此清晰、明亮，却瞅不见它们的身影。黎明携着晨光到来，柔和的光线穿过

■ 大到难以想象的红杉树

树丛的遮挡，偶尔在林中投下一丝光亮，树林渐渐沸腾起来，新的一天已经开始。

在红杉树公园闲逛时，你会发现有些红杉的树干或树枝上长着一团团半球状的树瘤，这些树瘤非常难看，但对红杉来说，它们异常重要，能够延续红杉的生命。

漫步在红杉树国家公园，云在树上行，人在树下走，你会感觉几千年、几万年的时光就这么静静过去了。或许，生命轮回往复的意义不过如此吧。

■ 群山起伏穿插在蔚蓝的海水中，彼此交融

◘ 在花丛中觅食的麋鹿

美景盘点

魔幻树林

几十米高的木头雕塑和一些人造的景观，吸引着你的眼球，在几乎没有人造景观原生态的森林公园里，这个地方向旅客们诠释着什么叫魔幻。

树屋

这棵 2100 年前就生根发芽的树，直径有 7 米多，在 1936 年的时候有一家人花了 8 个月的时间把一段木头掏成了一个屋子，里面有一个两张床的卧室，一个卫生间，一个书房，这个树屋曾经在 20 世纪在拖车上游遍了美国，供人们参观，直到 1999 年才最后落户红杉树公园内。

TIPS

❶这里濒临海岸线，降水丰富，空气湿润，所以最好在出行时自备一件雨披；另外，注意防滑。

❷这里树木参天，空气湿润，即使是夏季，也应该带一件长袖，以备不时之需。

❸公园内有 4 个自然露营地，分别是海滩营地、史密斯营地、草原营地和摩溪营地，每个营地有不同的服务设施，可根据个人需求自行选择。

❹公园内有汽车旅馆。

❺在公园西南 17 千米处，有一个欧曼访客牧场，它也提供住宿，每年的 5—10 月开放。

关键词：清凉、有趣
国别：保加利亚
位置：保加利亚西南部皮林山区
面积：27.4 平方千米

皮林国家公园

神秘的天堂美景

虽然她是欧洲古老冰河时期的遗迹，却如少女一样等待着你揭开她的面纱。

雪白色的海浪冲刷着海滩，在大雪的映衬下的公园显得格外动人

皮林国家公园地处保加利亚西南的皮林山区，拥有 60 多座山顶常年积雪的高山，山地奇险，峡谷幽深，奇石横生，打造出一片神秘莫测、清凉宁静的天堂美景。170 多个清澈见底的湖泊，陡峭的群山环绕四周，使这里的空气清新自然、气候舒适，深受濒危动植物的喜爱。部分地区在山间的瀑布和小溪的冲击下形成了溶洞。除了透亮的湖泊外，还有冰川时期遗留下来的冰斗、冰川湖等，清澈的湖水周围环绕着群山，好

似仙境。

这里有丰富的地热资源，使得间歇喷泉的道道水柱喷向天空，在水柱喷出的同时及之后一段时间，还能听到水蒸气隆隆的轰鸣，仿佛宣泄着内心的兴奋。最后，地下的压力解除，水蒸气喷射的力量也消失了，于是水再开始注满喷口，阻塞水蒸气的出路，酝酿下一次的喷发。无论形状大小怎样，无论是冬天还是夏天，也无论天气条件如何，所有间歇泉都在日夜不停地忠实地一会儿腾起，一会儿沉落，仿佛跳着有节奏的舞蹈。这是造物主所栽培的最奇特的花朵，它们一年四季盛开，从不感到厌倦与疲惫。它们又像舞动的精灵，施展着神奇的魔法。

公园的树木茂密，遮天蔽日，有西洋水松、欧洲冷杉、德国桧树、巴尔干白松等在内的繁多的树种。其中，最著名的一棵高约 16 米、直径 6 米、树龄约为 1300 年的老树是这里的一大特色，它叫“贝克谢夫冷杉”，是以它的发现者贝克谢夫的名字命名的。因为良好的自然环境，保加利亚有 20% 的濒危植物选择在这里安家。其中有些品种源自上新世时期，如浆果紫杉、藤忍冬和黑色的欧洲越橘。冰川融化时期有利的气候条件使许多物种得以保存至今。它们既美丽又有趣，也许是你一生都没有见过的物种。

公园特殊的动植物群系为许多稀缺的动植物提供了生活的乐园，除了冷杉、水松等植物，不少动物也安逸地生活在这里。其中就包含濒危的鸟类、哺乳动物、无脊椎动物，还有一些地方性物种，种类繁多，数不胜数，让人咂舌。麋鹿悠闲地在湖边吃着草，路上的野猪也许在溜溜达达地散步，引得游客纷纷拍照留念。

就是这里，想你所想，见你想见，它的神奇等你来见证。

美景盘点

瀑布

奔腾的河流贯穿着山体，冲蚀着火山岩，日夜不停，最终形成了气势磅礴的大峡谷。峡谷地势十分险峻，让人惊心动魄。因为地形地势所造成的落差，河流流经这里，形成了美丽的瀑布，其中最大的瀑布高达 130 米。山林间缓缓流过的溪流，激荡起点点水花，虽然不是那么壮丽，却从另一个角度衬托出山林的幽深恬静，给人一种别样的感受。

冰湖与雪峰

皮林拥有典型的欧洲雪峰和冰湖。宁静的冰川湖面倒映着蔚蓝的天空和常年积雪的山峰，让人感觉悠远而静谧。大小各异的雪峰千奇百态，或挺拔或秀丽，让人流连忘返。冬季，这里的山坡白雪皑皑，是滑雪爱好者的天堂。

▫ 平静的湖泊似一面巨大的镜子，照着蓝天白云，绿草青山

TIPS

❶最佳游览时间：7—10 月。

❷ 除了公园内分布着 10 多个山间旅馆外，皮林山区脚下的班斯科小镇上也有各种旅馆。

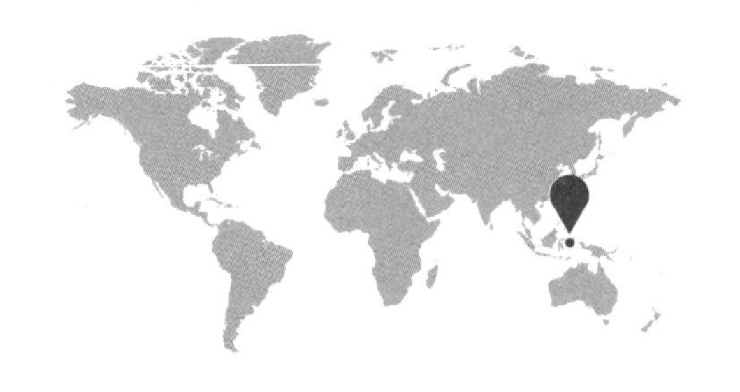

关键词：绚丽、自由

国别：印度尼西亚

位置：苏拉威西岛北部

面积：890.65 平方千米

布纳肯海洋国家公园

潜水者心中的圣地

这里对于潜水爱好者而言，犹如深入潜水天堂般地令人无法自拔。

五彩斑斓的珊瑚礁是海中的独特景色

海滩、海岛、珊瑚礁、海岸生态圈，这些印度尼西亚典型的热带海洋生态系统，成就了布纳肯海洋国家公园的独特。海洋就是这里的主角，它占据了整个公园面积的 97%，另外 3% 的陆地则由 5 个呈新月形的珊瑚礁岛屿组成，而且其中还包含布纳肯岛，是海洋造就了布纳肯。

公园的迷人之处，就在于其海底景观的千变万化。在这里可以看到超过 300 种珊瑚与 3000 种以上的热带鱼栖息在深海中，同时只要搭乘约 30 分钟航程的半潜艇，就可轻轻松松地在观景窗前欣赏到成群的梭鱼、白鳍鲨、隆头鹦哥和海蛇，若是运气好的话，还可看见大海龟与锤头鲨。

布纳肯有 150 个最受欢迎的潜水点，它被世界潜水协会评定为世界最佳潜地之一可谓实至名归。游人可以在任何一家潜水中心获得全方位的专业潜水服务，进行浮潜、深潜和半潜艇观景等活动项目。每年从世界各地慕名而来的潜水爱好者接连不断，这里是无数潜水者心中的圣地。

不谙水性？没关系，可以选择半潜水艇或浮潜。在此潜水你无须具备潜水执照，只要有专业教练陪同就可潜水，一对一教学，安全性高，费用约每人 100 美元。若你已是潜水老手了，个人潜水只需花费约 7 美元，你还会获得一个纪念章，如在未来一年内再次造访布纳肯，凭此章无须再交费。

潜到海底，可以看到奇形怪状的寄居蟹、欢乐玩耍的章鱼和许多从来没见过也

如此清澈的海洋，似乎一眼就能看到海底

叫不出名字的海洋生物；如果足够幸运，还可以看到潇洒游弋的海龟和形态完好的珊瑚。光怪陆离的海底断层将是你遇见的另外一个谜，悬崖峭壁潜藏着奇形怪状的洞穴，这里的海洋生物数量极其丰富：世界上已经发现的8种砗磲蚌之中有7种在这里安家落户，至少有70种珊瑚在这里生长繁殖，印度洋和太平洋中70%的鱼类在这里往来。

潜完水后一身疲惫，你可以上岸休息。看海浪拍打堤坝，潮水没过植物，小岛只剩下剪影，太阳在云朵中捉迷藏，天空在红蓝之间变幻，水面上夕阳的余晖摇曳不停。耳中只有海浪拍打岩石的声音和夹杂着微弱鸟鸣的风声，间或会有载着游人的客轮和打鱼的小船缓缓而过，这景色让我们如痴如醉。

夕阳西下，敛起光芒融进虞渊。小舟上的渔夫也停止了打鱼，享受布纳肯一天中最美的时刻。金黄色的光线被缓缓收起，只剩漫天绚烂的红霞与海面摇曳的余晖。有心的设计师在海边的堤坝上筑起一座小巧的白房子，住在里面可以享受海水与红树林叶片相互融合的味道，可以听着涛声安然入眠。晚安，布纳肯。

美景盘点

海洋生物

丰富多彩的珊瑚礁群是布纳肯海底世界中最为漂亮的主角。碧绿清澈的海水，海岸附近细腻的白沙，以及水下两三米处瑰丽的珊瑚丛林就呈现在眼前。在深处，会看到更加漂亮迷人的海洋生物和珊瑚群，各式各样的小鱼在色彩缤纷、千变万化的珊瑚群间玩耍，抑或是在奇形怪状的洞穴间若隐若现，十分可爱。

TIPS

❶最佳游览时间：5—8月。
❷ 当地的特色美食是各种美味的海鲜配上当地的香料和秘制酱料，不容错过。
❸ 在冬季期间海域的风浪较大，搭船前记得先吃些晕船药或是胃乳片中和一下胃酸，以免晕船。

◘在海底自由玩耍的鱼群，似红花点缀在蔚蓝的大海

关键词：葱茏、明媚
国别：特立尼达和多巴哥
位置：特立尼达岛阿里马市东北部
面积：2.91 平方千米

阿萨莱特自然中心

令人神往的美丽画卷

清晨，在鸟语花香中苏醒；午后，在森林木屋里休憩；黄昏，聆听落叶簌簌下落，阿萨莱特所描绘给世人的美丽画卷，总是那么令人心驰神往。

阿萨莱特自然中心位于西印度群岛西南部的特立尼达岛上。1498 年，哥伦布的舰队经过这里，他宣布该岛为西班牙所有，西方世界的人们开始认识此岛。自此开启了特立尼达岛长达数百年的殖民历史。其后几经周折，直到 20 世纪 60 年代才获得独立。1967 年，一个非营利性的动物研究组织在岛屿的阿萨莱特地区建立了自然中心和动物研究所，从此阿萨莱特正式成为自然中心。

望不到头的蔚蓝海岸边，冰凉的海水冲刷着洁白的细沙。在大面积的热带雨林中，河流湍急、瀑布飞悬，再美的语言也无法表达阿萨莱特的美景。植被葱茏茂盛，咖啡树盛开着洁白的五角形小花儿，而可可树则结着或黄或红的巨大果实。浓密的树木丛林繁衍着众多稀奇古怪的动物，弯弯曲曲的林中小道通往密林深处，一路上鸟语花香，当你仔细观察，会发现各种有趣的小生物。南美切叶蚁在路上爬来爬去，寻找着可口的食物；蓝色的大闪蝶飞过眼前，就像童话里在空中

森林中妩媚动人的小鸟

飘动的飞毯一般；长白胡子的侏儒鸟跳着滑稽的求偶舞，雄鸟拍着翅膀发出响亮的应和声；如果要观赏珍贵的油鸱，那么即使花掉三天的时间去等待，也非常值得……

温和的气候、充沛的降水，比起其他生物，鸟儿是这里的统治者，阿萨莱特是特立尼达和多巴哥共和国全境观赏蜂鸟的最佳地点，这里一共栖息着 170 多种鸟，其中以蜂鸟最多。

油鸱是阿萨莱特自然中心一种非常稀有的夜行素食鸟类，也是鸮形目中唯一靠果实为食的鸟类，强壮的喙部末端有钩子，可以嗑开坚果，油棕的果实是它们的最爱。白天它们居住在洞穴中。油鸱的叫声很特别，发

◘ 艳丽夺目的蜂鸟

出阵阵急促的叫声，快得惊人，还可以发出像蝙蝠一样的超声波，在漆黑的洞穴中，它们靠超声波进行回声定位。为了方便游客和它们亲近，阿萨莱特的油鸱居住的洞穴中，专门安装了光源，游客可以深入洞穴，与这些油鸱面对面。

在阿萨莱特另一种受人瞩目的鸟类是国王秃鹫，国王秃鹫的皮肤颜色非常丰富，黄色、橙色、红色、蓝色都有。其飞行姿态优美绝伦，虽然它们是翱翔天空的鸟类，但它们的天敌却是游走于丛林中的蛇。蛇会偷食它们产下的卵，这对整个秃鹫种群都是巨大的威胁。

国王秃鹫虽然体形巨大，但却没有喉管，无法发出声音。而体形娇小的白颈鸫却是一个真正的歌者，它们像一个个蓝调歌手，歌声婉转动听。不仅仅是游人，甚至连其他鸟类都会被它们的歌声吸引。

在岛上，人们还会举行盛大的狂欢节仪式，每当节日到来，大家穿着怪异的服装，跳起欢快的舞蹈，整个特立尼达岛都被节日的狂欢所包围。此时此刻的阿萨莱特，也少不了狂欢的味道，鸟儿也过来凑热闹。在阿萨莱特，所有动物的生命都得到人类的尊重和保护，人类的狂欢也有它们的一份，也许这正是阿萨莱特无限的魅力所在。

美景盘点

蜂鸟

蜂鸟是阿萨莱特林间的精灵，它们的食物是花蜜，飞行时也像蜜蜂一样发出响声，并因此得名。蜂鸟的飞行本领非常高超，除了可以像直升机那样垂直上下飞行，还能倒着飞。当它们吸食花蜜时，全身都悬停在半空中，将长长的喙伸进花蕊，仿佛吸管一般的舌头小心翼翼地汲取花蜜。享用完后，又了无痕迹地迅速离开，寻找下一朵溢蜜的花朵。在阿萨莱特人眼中，蜂鸟是太阳神的化身，它们勤劳机智，在林间灵活地飞行。

巨嘴鸟

在雨林中，外形最奇特的鸟当属南美洲的巨嘴鸟。巨嘴鸟的喙又宽又大，色彩鲜艳，像弯弯的彩虹，在觅食中，一张大喙能保证它们啄到果实和昆虫，大喙表面密布的血管还起到调节体温的作用。如果不慎将脆弱的巨喙损坏，它们的生命很可能因此走向终结。

TIPS

❶公园内专供游客居住的游客中心，是来此游览的旅客们的首选。
❷油炸芭蕉是当地最吸引人的特色美食。

◘ 阳光穿过密林，普照万物

◘ 金色特古蜥蜴，皮肤上绚丽的金色与黑色条纹巧妙融合在一起，非常具有视觉冲击力

关键词：鬼魅、传说
国别：赤道几内亚
位置：赤道几内亚西北部
面积：2017 平方千米

比奥科岛国家公园

非洲最美岛屿

它至今仍保持着上古时期的原始森林风貌，论景致它是非洲最美丽的岛屿之一，论气度它是几内亚湾最大的岛屿，风光不老。

海浪拍打着沙滩，极具异域风情的椰林倾倒在海边，这就是自然纯粹的美

比奥科岛，这片位于非洲西部大陆赤道一侧的海上绿土，最初是在 15 世纪末由葡萄牙探险家发现的。殖民主义者在踏上这片土地后，便为原始姿态的绚丽风光陶醉，直白地将此岛称为“福摩萨岛”，意为“美丽岛”。平和安稳并没有降临到这座“美丽岛”，它随后又遭到了西班牙的入侵。被西班牙殖民者统治了近两个世纪，直到 1980 年，才最终定下了“比奥科”这个名字。比奥科是赤道几内亚历史上反对西班牙殖民主义者的英雄。如今，经过了岁月变迁和祸乱纷争，这座岛仍旧保留了它最初的无法撼动的美丽。

比奥科岛如海市蜃楼般在海面上突然升起，尼日利亚和喀麦隆是它的隔海邻居，站在岛的外围处眺望，便是宽阔无际的蔚蓝海水，在这里可以闭上眼尽情享受海浪拍岸发出的动人乐曲、海风拂面的舒适凉爽，以及海鸥的激昂高歌，转过身便是让身体灵魂都放松下来的青草绿林，绿林深处隐约有鸟

碧水连天，朵朵白云似漂在海上，一只木船停在海边，整个画面给人一种舒爽干净的感觉

鸣兽叫，吸引着人们前往一探究竟。

比奥科岛的腹地有大片人迹罕至的森林、草地和雨林。它们还是当初被世人发现时那幅美丽的原始姿态，这也许是得益于那些盘根错节迷宫似的丛林，或者是崎岖难行的溪谷小径，总之它隔绝着外界的影响，保持自己的美丽永不褪色。如果不惧怕从角落冒出的不知名蜘蛛、像是从史前时代穿越来的巨型蚯蚓，以及多手多脚的千足虫，人们也能在呼吸着新鲜空气的同时，过一把野外天然跨栏的瘾。

对于野生动植物来说，比奥科岛就像是镁光灯下闪耀着星光的红毯，各种珍稀生物在这里争奇斗艳，直入云霄的圣伊莎贝尔峰也不能让它们感到胆怯。200 多种让人根本记不住名称的鸟类，在枝头林间或岛的上空盘旋飞翔。时常有红色或蓝色的小羚羊，在盘根错节的丛林里练习“跨栏”。独来独往的夜行侠树蹄兔在树上打盹，夜里可能还会跟群体出洞的豪猪狭路相逢；外形像猫的林狸在岛上各处留下优雅高贵的身影。所有这些珍稀动物，都像是比奥科岛上的装饰品。正是因为有它们的存在，这座岛才能呈现出勃勃生机。

在海拔 2000 米的“大火山口”底部，活动着岛上最大的灵长类动物鬼狒，它们有着令人惊异的黑面，只要看过一眼绝对会留下深刻印象。当然，要想在岛上看到鬼狒的身影非常困难，任何一点极细小的人类活动，都会让它们丢下食物或者正玩得兴起的树枝，“刺啦”一声蹿得没影。小心谨慎地跟过去，便能看到鬼狒的聚集地。叽叽喳喳的鬼狒或是爬上树在枝条之间悠来荡去，或是懒散地坐在石块上给小鬼狒挠背抓蚤。

岛上还生活着灵长类中最为凶狠的动物——山魈，它是鬼狒的兄弟，它们外形极为相似，只不过脸部对比鲜明，山魈的脸部有着鲜亮艳丽的颜色，它们的脾气很大，甚至敢于攻击落单的豹子或者狮子。一旦捕获狮子或豹子，山魈就会将它们撕成碎片，甚至吃下。山魈对自己的领地有着强烈的独占欲，不是同一个群落的山魈都要被驱逐出它们的地盘。

比奥科岛的生态环境虽然给动物的生存提供了绝佳庇护，但也抵挡不住由人类带来的危机。在比奥科，人们似乎更愿意在餐盘上见到这些动物，无法赢得信任接近这些或美丽或强悍的动物，显然是更大的损失。关爱动物，从自己做起。

美景盘点

白沙滩

细腻白色的沙滩吸引了各地的游客，每到周末有很多游客开车纷纷来到白沙滩游泳和观光，他们之中不仅仅是外国人，也有一部分当地人。

在沿海的沙滩上，每年 12 月至次年 2 月，几内亚湾的海龟会纷纷爬上海滩，在灼热的沙子里产蛋，吸引众多游人观看。每年芋头种植完后，人们都要举行盛大的庆祝活动，祈求来年芋头大丰收，这就是著名的“芋头节”。四季如夏的热带风光，白沙滩浴场、木鼓恋和芋头节吸引了来自世界各地的旅游者。

■ 生活安逸的当地居民

TIPS

❶最佳游览时间：12 月至次年 2 月。
❷ 每年的 11 月至次年 2 月的蝴蝶群是不容错过的美景。
❸ 当地的烤鸡味道不错，值得品尝。

■ 繁华的加蓬首都——利伯维尔

关键词：神奇、原始
国别：厄瓜多尔
位置：太平洋东侧、赤道两侧
面积：6936.31 平方千米

加拉帕戈斯国家公园

活的生物进化馆

爱上加拉帕戈斯，你只需要一瞬间。

砸在牛顿脑袋上的那个苹果已经没有踪迹可循了，但是使达尔文得出生物进化论的灵感之源还完整地保存在世上，这就是位于厄瓜多尔境内的加拉帕戈斯国家公园。在远离尘世的太平洋中，大量罕见珍稀的野生动植物在这里悄无声息地演化蜕变着。

加拉帕戈斯国家公园位于厄瓜多尔海以外的加拉帕戈斯群岛上，该公园占据整个加拉帕戈斯岛的 97%，其余 3% 为该岛的居住区，为不打算巡航的游客提供住宿。由于处在秘鲁寒流和赤道暖流交汇的特殊地理位置，岛上的生物多样性简直令人叹为观止，前一秒也许还在为看到冰地企鹅而反射性地打哆嗦，下一秒就会因沙地岩石上晒太阳的热带大蜥蜴而扇一把凉风。不仅是地域上的反差，岛上生物的独特性更是吸引人们的原因之一，奇花异草、珍禽异兽云集在这里已经成为一种普遍现象，大多数的物种都是全球独一无二的。更令人惊异的是，在各个小岛上生活着不同历史时期的同一物种，好比你走在北京的街头，与你擦身而过的却是50 万年前的山顶洞人！这才是加拉帕戈斯群岛“活的生物进化博物馆”的奥秘所在。

动作一致的鸟儿，友爱温馨

因此对于生物学专家和业余爱好者来说，加拉帕戈斯群岛是他们心目中必到的胜地，除了见证并研究生物间潜移默化的演变，位于圣克里斯托瓦尔岛的达尔文纪念碑也是必看的保留项目。在达尔文曾研究过鸟类的“达尔文岛”上漫游，感受着他曾感觉到的，就仿佛是沿着时光足迹，与这位伟大的生物学家进行了跨时代的共鸣。

当你在岛上游览，也许会看到蓝脚鲣鸟正在翩翩起舞，试图吸引异性的注意；白身黑翼的信天翁掠过海面，物色着落单的小鱼；海鬣蜥趴在一块巨大的石头上，悠闲地晒着

◘ 碧海蓝天，山峰连绵，秀美的风光使人流连忘返

太阳；雄军舰鸟正向异性炫耀着红气球一般的气囊；几只海狮扭在一起玩着游戏。

除此之外，加拉帕戈斯也有不输于夏威夷海滩的魅力地带。受不同洋流影响，从小型鱼类到大型哺乳动物，各种稀有物种会聚于此，这里简直是处天然的水族馆。而这里也是世界七大潜水区之一，潜到海水深处，顺着轻柔的洋流绕过珊瑚礁堆跟五颜六色稀奇古怪的鱼儿一起畅游，上岸后躺在一望无际的白色沙滩上晒日光浴，这绝对是最高享受。

几乎与世隔绝的加拉帕戈斯，可以说是打开人类身世之谜的钥匙，在这座越来越被

◘ 多刺梨是加拉帕戈斯特有的仙人掌

人们所向往的群岛上，因为缺少凶猛的食肉动物，所有动物都不惧怕人类的接近，在这里真正可以做到与野生动物零距离接触，那份亲近自然的惬意是其他风景所无法代替的。

美景盘点

海鬣蜥

加拉帕戈斯群岛还因为生存着闻名遐迩的史前爬虫类动物海鬣蜥而引起全世界的关注。这些海鬣蜥能潜入海水中捕捉食物，而雌海鬣蜥必须经长途跋涉到火山口产卵。这种海鬣蜥仅以海草为食，并且通过发育不完全的蹼足适应了海上生活方式。7 种不同的海鬣蜥，每种都显示明显的差异，并在不同的岛屿上进化。

巨型陆龟

加拉帕戈斯又称“巨龟之岛”，从名字上就不难看出巨龟之于这座岛的意义。巨型陆龟又叫象龟，这些笨重的家伙大多在 1 米以上，它们的寿命长，最久的可以活 400 多年，据说它们是地球上寿命最长的动物。因其生存岛屿的不同，甲壳的形状各有差异。象龟四肢粗壮，但是生性胆小，最爱把自己整个藏在龟壳内。它们的外壳巨大而坚硬，足以驮着两个人爬行。

TIPS

❶柠檬烧虾味道不错，不容错过。
❷ 公园不允许运输任何活的生物进入海岛，或将活的生物从一个岛屿携带到另一个岛屿。
❸ 想进入公园，需要找一位该公园认证合格的导游。

◘ 两只在沙滩上打斗的海狮

关键词：绝美、冷酷
国别：格陵兰
位置：格陵兰岛东北部
面积：97.2 万平方千米

东北格陵兰国家公园

冷酷的海洋女妖

绝美与冰冷的格陵兰如同世界上最美的风景明信片。

鲜艳的小木屋点缀在皑皑白雪中，给冰冷抹上一丝暖色

在靠近北极的地方，有一座世界上最大的公园——东北格陵兰国家公园。公园内一片荒芜，千年不变的寒霜包裹出冷酷的面容，犹如千年海洋女妖，等待前来冒险的人类自投罗网。

若想找一个词来形容这个公园，荒芜最合适不过。这是最接近冰原的地方，寒冷笼罩了整个地貌，四周是不可测的荒芜。这里的天空蓝得不似人间，海面上则冰气缭绕，一片纯白、一片冰凉，荒芜与冷酷并存。它是北冰洋上最大的岛，也是最具个性的国家公园，但在夏季来临的时候，一切又变

冰川融化的碎块漂浮在湖面上，柔情峻冷，望而生畏

了模样，荒芜积雪的土地上生长出一大片绿色植被，有不知名的野花开出一朵朵小小的蓓蕾，它们将这片荒芜的土地装点出一丝暖意，消融了所有的寒冷。

格陵兰，丹麦语意为“绿色的土地”。虽然荒芜是它的本色，但这里依旧生活着多种珍稀动物，为其增色添彩，你看，北极熊、雪兔、白狐、海象等动物在叩门，前来拜访。你是否已准备好将其迎进家门?

这里的温度很低，夏季只有5℃，而冬季则可以降至零下70℃。由于地处北极圈，所以这里经常出现极地特有的极昼和极夜现象。每到冬季，当极夜来临时，天空的色彩缤纷绚丽，如焰火般的北极光从上空翩然划过，使得格陵兰的天空夜夜闪耀不休。而到了夏季，格陵兰便成为日不落岛，日日艳阳高照，虽然寒意依然，但至少可以取得片刻温暖。

如同最美的风景明信片，格陵兰如此绝美与冰冷。或许，对于一般人来说，只能远观；而同时，正是因为无法接近，才使其成为记忆里最华美的一笔。

绚丽多彩的北极光浩瀚、神秘，令人望而生叹，顿感人生渺小，宇宙无限

美景盘点

格陵兰岛苔原

比起一望无垠郁郁葱葱的草原，苔原来得更坚强，你很难想象植物会在如此恶劣的环境中生存不息，它让你再次认知生命的顽强不息，记得凡·高的《星空》吗？苔原如同用生命在作画。

丹麦港气象站

始建于 1948 年。观测站工作人员住在一所房子中，房中有厨房、餐厅、客厅、卧室和工作室，该站研究极地气象、冰川，基地的常住人口为 8 人。站外有麝牛、雪兔、北极熊、海豹、松鸡和海鸟等，其中北极熊经常光顾该气象站，准备好和动物们亲密接触了吗？

TIPS

❶最佳游览时间：全年。
❷ 这里纬度高，气候寒冷干燥，夏季应备毛衣外套和防寒鞋，冬季应戴太阳镜，涂抹防晒霜。
❸ 水煮海豹肉是当地的日常传统饮食，值得品尝。